U0921295

光尘
LUXOPUS

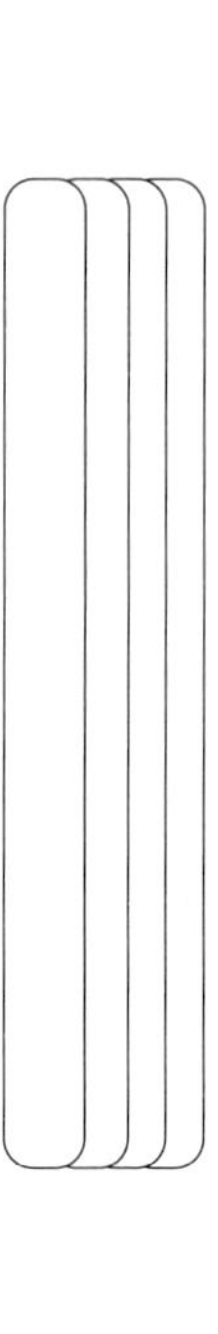

VIVRE HEUREUX
PSYCHOLOGIE DU BONHEUR
Christophe André

幸福生活的秘密

[法] 克里斯托夫·安德烈 著　　蔡宏宁 译

生活·讀書·新知 三联书店 生活書店出版有限公司

图书在版编目（CIP）数据

幸福生活的秘密 /（法）克里斯托夫 · 安德烈著；蔡宏宁译 . —2 版 . —北京 ：生活书店出版有限公司，2022.5

ISBN 978-7-80768-375-9

Ⅰ . ①幸⋯ Ⅱ . ①克⋯ ②蔡⋯ Ⅲ . ①幸福－通俗读物 Ⅳ . ① B82-49

中国版本图书馆 CIP 数据核字（2022）第 064253 号

策划编辑　李　娟
执行策划　邓佩佩
责任编辑　程丽仙
特约编辑　李　艺
出版统筹　慕云五　马海宽
封面设计　潘振宇
版式设计　申亚文化
封面插画　罗可一
责任印制　孙　明
出版发行　生活書店出版有限公司
（北京市东城区美术馆东街22号）
图　　字　01-2022-1808
邮　　编　100010
印　　刷　北京中科印刷有限公司
版　　次　2022年5月北京第2版
2022年5月北京第1次印刷
开　　本　880毫米×1230毫米　1/32　印张10.5
字　　数　200千字
印　　数　00,001-10,000册
定　　价　58.00元
（印装查询：010-69590320；邮购查询：15718872634）

导 言

幸福：心满意足的状态。

——《罗伯特辞典》（*Dictionnaire Le Robert*）

那时我还很小。

我就喜欢听人讲故事。可是童话的结局总是让我感到疑惑："从此他们幸福地生活在一起……"既然故事不再继续写下去，我们怎么知道他们幸福了呢？难道公主和王子从来不会脸红争吵吗？他们不会感到不幸？为什么故事戛然而止？难道幸福的生活没有意思？难道幸福的生活不值得讲述？

为什么幸福显得那样神秘？

后来我 10 岁了。

我不再总是听大人们讲故事。我观察他们。当他们偶然谈起幸福时，我竖起耳朵认真听着。和所有孩子一样，当我们渐渐长大，我们看到了不幸，发现这个世界和童话并不一样。

幸福，真的那么难吗？

我 20 岁。

我可以算是一个快乐的学生。在大学里，上完课去参加橄榄球赛的间隙，我喜欢和伙伴们天南地北地聊天。我一直忘不了心里的困惑，却发现一个悖论：幸福，是一个令人不快的话题——让人生气（“幸福，太幼稚了”），引起反对声（“幸福让人丧失斗志，变得自私自利”）、敌对声（“幸福是一种专政”）或不屑（“不幸比幸福更值得关注”）。

为什么提到幸福，人们反而感到愤怒？

我 30 岁。

我成功地成为一名心理医生！身边都是幸福困难症患者：幸福受到阻拦，幸福不可能实现，幸福令人恐惧，逃避幸福，幸福让人悲伤。我和他们一起努力寻找着通向幸福的道路……但这并非易事。如同伏尔泰所言："我们所有人都在寻找幸福，不知幸福在哪里，就像醉醺醺的酒鬼迷迷糊糊找不到家的方向……"

如何才能寻到幸福？

如今……

我依然没能解开幸福的方程式。不过，有幸观察和聆听那些能够感受幸福、创造幸福的人，帮助和陪伴其他人走近幸福，令我受益匪浅……我依然在读伏尔泰的书。他说："我决定让自己幸福，因为这样对身体好。"我是一名医生，任何对病人身体好的事我都欢迎。我喜欢幸福和关于幸福的想法。

你们呢？

关于幸福，你们如何看待，如何感受？

目 录

第一部分 幸福可以实现吗?

第二部分 理解幸福，捍卫幸福

第三部分 构建幸福

第四部分 你的幸福有多少？

第一部分

幸福可以实现吗?

没有比幸福更重要的事，也没有比幸福更难以抓住的东西。

哲学家是最早研究幸福的人。关于幸福，他们有很多的思考，也有无数著作。

不久前，哲学开始尝试着回答我们所有人心中关于幸福的疑问：

· 幸福到底是什么？一种思想，一种情感，或是一种幻想？

· 在日常生活中，如何才能贴近幸福？

· 为什么有那么多人难以感到幸福？

· 幸福和不幸之间有什么关系？幸福会帮助我们更好地面对不幸，更好地生存下来吗？

· 真的有幸福的能力？如果有，这种能力来自何方？又如何融入我们的生活中？

第一章

幸福是什么？

Qu'est-ce que le bonheur ?

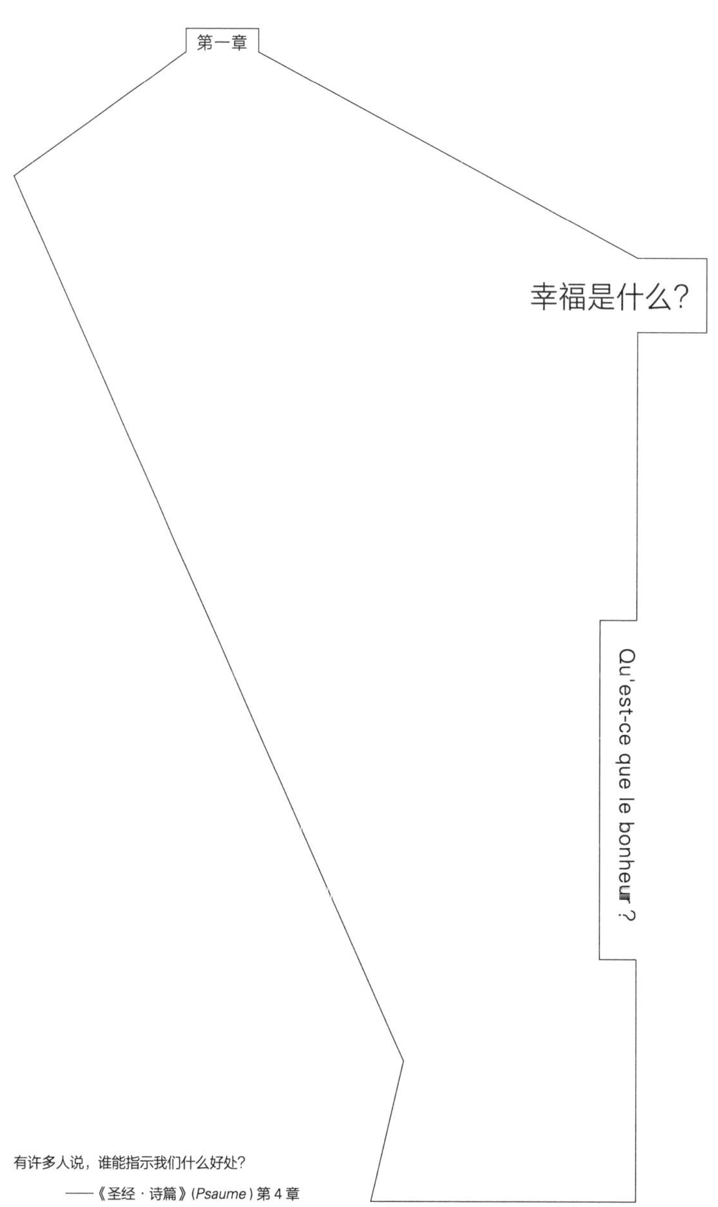

有许多人说，谁能指示我们什么好处？

——《圣经 · 诗篇》（*Psaume*）第 4 章

“我在别人的家里，但是对这屋子里不少东西都很熟悉。我觉得很自在，心情平静而安宁。隔壁房间的门虚掩着。我尝试着走向那扇门，想把它推开，可是我做不到，要么是我迈不开脚步，要么是门自己挪走了。

“整个屋子沉浸在柔和的光线里。我失重了，一会儿走，一会儿飘，身体轻飘飘的根本不听指挥，所有的声音微弱而遥远。

“我渴望走进那个房间，那里是我的舒适所在，会让我感觉更舒服。但是，很显然，我一直走不进去。

“更让人惊讶的是，尽管如此，这依然是一个开心的梦。我很平静。醒来时，我感觉特别好。很奇怪，我觉得在梦中走近了幸福……”

这个梦来自我的一位女病人。一直以来，我和她都在谈论幸福。对我来说，这个梦说明了幸福的存在，展示了幸福的神秘，同时也让我们看到理解幸福和走近幸福有多么难……

幸福就在眼前

走近幸福……

如同智慧和睿智，幸福也很难定义。与其拒绝承认幸福（“幸福根本不存在，我们只需要试着让自己开心就可以了”），不如让我们来分析一下那些类似幸福的舒服感受，快乐、开心、满足……虽然这些状态不包含幸福，也不能概括幸福，但是有助于我们解读幸福。

这些状态和幸福有什么区别？和幸福比起来，还少了什么？可以认为这些状态是幸福的简化表现吗？或者是接近幸福的方式？

满足感与幸福

看着宝宝吃完奶微笑的样子，妈妈会说：“瞧他多幸福……”其实妈妈没有意识到，她说的是她自己的幸福，而不是宝宝的幸福，宝宝是不是幸福更难确定（不过可以肯定的是，宝宝喝饱了，得到了爱抚和关注，他感到很满足）。

不能说妈妈是完全错误的，心满意足难道不是幸福最直接的定义？

幸福不是心满意足，或者说不总是满足，和我们的期待不一样，幸福不等同于欲望的满足，甚至可能全然相反。普鲁斯特曾说过："幸福极少会建立在希求幸福的欲望之上。"通过满足欲望来寻求幸福，有时候是一个致命的错误。无数悲剧性的神话都在讲述那些追逐欲望的人，追逐物质、爱情、权力或荣耀，历经痛苦，终究失败。由此才有王尔德的名言："人生只有两种悲剧：一为辗转反侧却求之不得，二为求之得之却索然无味。"

怎么办呢？佛教说，世上万物皆不值得企望，贪欲是苦的根源，唯有清心寡欲才能摆脱痛苦，而非满足欲念。[1] 只是，清心寡欲是很难做到的事！但是这提醒了我们，追寻幸福最不可能依赖于物质，物质是为幸福服务的，但不是幸福的表现（广告是最大的谎言）。

享受与幸福

苏珊

对我来说，幸福就是拥有足够的智慧，懂得享受生活，

1 P. 凡·登·博斯（P. Van Den Bosch），《哲学与幸福》（*La Philosophie et le Bonheur*），巴黎，Flammarion 出版社，1997 年。

抓住每一分钟的快乐。想要幸福，最基本的就是要懂得及时行乐。美国人说：一天一苹果，医生远离我（当然是为了鼓励人们吃水果，增进健康）。我觉得好玩，改编了一下：一天一乐事，悲伤远离我。那些点点滴滴的小快乐让人保持积极乐观，远离没来由的忧伤。“犯不着一心期盼着复杂高调、难以捉摸的幸福，最棒的口号就是享受当下，品味生活！”

享受是各种基本欲望得到满足之后的一种舒适感，饮食、性爱、安逸、身体运动。享受生活，寻找幸福，这未尝不是一个好办法，而且简单易行。但是这样就够了吗？

实际上，享受仅仅是一部分，仅限于某种感觉或器官欲望得到满足，享受不能等同于包罗万象的幸福感。而且，幸福不是快乐的简单升级，借用法国诗人马拉美（Mallarmé）的一句诗：“躯体如此忧伤！而我已阅尽群书。”这让我们想到了令人难过的结论：重复的快乐，累积的快乐，也不是幸福。失望和失落甚至会让幸福远离。

虽然享受在生活中必不可少，带给人愉悦，但是享受不等同于幸福，即使我们的视野常常被假象混淆。“享受是疯子的幸福。幸福是智者的享受。”[法国作家巴尔贝·德·奥勒维利（Barbey d' Aurevilly）语]哲学家们也无数次强调了快乐至上的享乐主义的局限。当然不是只有哲学家们才意识到这一点……

1960 年至 1970 年间，在乱哄哄又不乏乐趣的意识形态思潮中，人们宣扬“解放了的享乐”，各种口号层出不穷：“扔掉桎梏，尽情享乐”“禁止各种禁止”“越做爱，越想革命”。[1] 性解放令很多男人欢欣鼓舞，然而未必真如他们所愿。在女权主义的启发下，女人开始嘲笑那些沾沾自喜的可笑男人，嘲笑他们分不清何为享受，何为幸福，他们总会在做爱之后傻乎乎地问：“怎么样，觉得幸福吗？”

不过，享受有时候的确很接近幸福，就像呼噜呼噜作响的猫，在很多人眼里，这种极致的享受几乎可以被称作一种幸福。在某些条件下，极致的享受让人感受到切切实实的快乐，有时是幸福的，比如音乐迷聆听心爱的乐曲、美食爱好者品尝喜欢的菜肴、运动员打赢了一场激烈的比赛……下文我们会分析享乐带来幸福的条件是什么。

快乐与幸福

尼古拉

我觉得回忆和讲述开心时刻比谈论幸福时刻更容易。我能想起来那些快乐的场景和时光，和老友们一起疯一起

1　J.-C. 吉耶博（J.-C. Guillebaud），《享乐的专制》（*La Tyrannie du plaisir*），巴黎，Seuil 出版社，1998 年。

笑、家庭聚会、工作上获得成就、赢得体育比赛、亲人相见、老友重聚……这些快乐清晰地写在记忆里。而幸福时刻，有点模糊，不清晰，就像被时光稀释了一样。也许是因为我是一个性格外向的实用主义者，更务实。快乐看得见，摸得着，更容易分享。而幸福是私密的内心感受，有点神秘。

收到礼物的孩子、获得重大发现的科学家、重逢故友的人都会感到高兴，整个人沉浸在强烈的正面情绪中。不过，快乐是对身边某件事的反应，往往来自外界因素。而幸福的神奇之一，就在于幸福感可以源自内心。

而且，快乐这种情绪，本质上来说是短暂的，“幸福历久弥新，快乐转瞬即逝”[1]。的确，提到幸福，总会联想到持久感，当然也有短暂的幸福。但其实，幸福本就不是持续性的，而是间续性的。只是幸福本身的持久感带来了希望（希望幸福不要中止）、幻想（希望幸福永恒）或承诺（认为幸福强大到可以抵挡时光流逝）……

幸福和快乐常常相连，但并非互相需要。有一些不上台面的快乐，和泰然自若的幸福感相去甚远，比如复仇的快感（德语有一个词 *Schadenfreude*，意为“幸灾乐祸”，是看到对手倒地

---

1 J. 丹尼尔（J.Daniel），《幸福：哲学与文学文集》导言（*Introduction à l'ouvrage Le*

的快感）。有一些很祥和的幸福，没有高兴的那股兴奋劲儿，比如在宁静的夏夜里和好友聊聊生活。而且，幸福总是趋向于平静和安宁。人们会因快乐却不会因为幸福而雀跃不已。

不过，快乐是幸福的组成之一，开心也是幸福的一种表达和展现。“快乐是幸福的要素之一，时间维度上短暂微小，强度却是激烈深刻的。”[1] 和享受一样，快乐也是通往幸福的途径之一。快乐的力量足以打开很多心结，释放潜在的幸福。快乐激发人们去追寻幸福，这是弥足珍贵的支持。

“福乐”与幸福

朱迪丝

祖母对全家人影响很大，尤其是对我们这些孙辈。她幽默又和蔼，常常和我们讲述各种她称为生命课的训导。我们都很愿意听她唠叨，不过她可不只是唠叨，比如谈到爱情，她会说，要么爱得惊天动地，要么宁缺毋滥！在她眼里，我们必须要学会辨别遇见的那个男孩是不是就是令我们一见钟情的真命天子。我依然在等待这种一见钟情的心动，但是我已经遇到了生命中的男人，事情并不像祖母说的那样。那时，我觉得幸福也一样，必须

1 A. 孔特 - 斯蓬维尔（A.Comte-Sponville），《哲学辞典》（*Dictionnaire philosophique*），巴黎，PUF 出版社，2000 年。

强烈到足以震动内心，所以幸福难能可贵，而且应该顺其自然，别总是期望过高。我花了蛮长时间才体会到幸福往往不过是一些微不足道的小事，而不是一整块美味可口的、插着蜡烛、温馨满怀的生日蛋糕。幸福更像是弥漫的烛光，而不是齐射的烟火。祖母在我年少时就去世了，我无法知道她是否感受过更纯粹的幸福，也不知道她讲述的那些爱情或幸福，是不是为了让我们不要轻视了生活的美好。

所以，对一些人来说，世上存在比幸福更美妙、更强烈的事物。有一些心理状态尤其刺激和强烈，使人近乎忘我，超越了自我。1654年11月23日，晚上10点半到凌晨，大学者帕斯卡尔经历了一次神奇的狂喜，改变了他的生命轨迹。他在羊皮纸上写下了几个词（“高兴，高兴，高兴，喜极而泣……”），这张羊皮纸被称为著名的“帕斯卡尔回忆录”。他把羊皮纸缝在衣服内衬里，随身携带，一直到他去世。

圣奥古斯丁将“福乐”定义为“真实的快乐”。天主教教义也提到“上帝赋予忠实于他的人切切实实的幸福”，而且为了表明上帝赐予的幸福持久不减，天主教强调这种幸福是一种福乐：“世人说的都是一时的幸福，而不是短暂的福乐。”[1]

1 《基督教辞典》（*Dictionnaire des mots de la foi chrétienne*），巴黎，Éditions du Cerf 出版社，1968 年。

我们既不是圣人，也不是智者，那么日常生活的幸福就不可能像遇见上帝或感悟真理那样高尚又震撼人心。而且，我们会看到，幸福是个人身心的绽放，不是类似狂喜或快感的发泄。处于幸福之中的人并没有和世界隔离，相反是和世界紧紧相连的。只有幸福才最开心。不过我们也将会看到，日常生活的升华与幸福也有关系。

为什么会有区别？

一个孩子走到你身边，拿出一张画，笑容满面地对你说："喏，这是为你画的。"然后哼着小曲儿跑开了……这时候的你一定感觉很舒心。确切地说，这到底是一种什么感受呢？是享受（"孩子的行为让我很受用"），是快乐（"我开心极了"），还是幸福（"我感到很幸福"）？ 如果当时你恰好心事重重，压力很大，孩子的这一举动是否仍会触动你（不懂得接受幸福）？又或者如果你正忙着做其他事，孩子也许就不会去找你了（让幸福溜走了）。

为什么要问这些问题？因为上文提到的享受、高兴、快感的状态都让人觉得舒服，但为什么人们不满足，还要追求更多？显然，创造这些状态，体验这些感受，让我们更接近幸福。只是这些都不能取代幸福。感觉并领会到幸福是某种不同的东西，更加超越，更加包容，这已经是一种强大的动力。而且，我们也将看到，面对随时可能发生的不幸，我们需要幸福来支撑。

所以，重要的不是确切地说出我们的感受，而是能够接受幸福，创造幸福。思考这其中的细微差别非常有用，正如哲学家阿兰所说的那样："享受也好，快乐也好，幸福也好，不过是一种说法，关键不是如何得到，而是如何去做。"想要"做出"幸福，首先必须要接纳和丰富所有能让我们更接近幸福的感受。跳出当下，更多地思考……

如何体验幸福？

想象一个美妙的夏夜，温热的空气，聆听蟋蟀虫鸣，遥望星空（最适合幸福的场景）。

然后你走进屋子，走过孩子的房间，发现儿子在睡觉前特地把所有毛绒玩具都摆出来，在身边围成一圈。他的小脑袋伸在被子外面，枕边一堆可爱的小动物玩具。你深深地被这个场景打动了（幸福感）。

上床后，你和妻子谈起了幸福，交流了各自的想法。你觉得有些幸福可以通过努力得到，但是妻子认为幸福是寻不到的，只能靠运气偶得（幸福观）。

入睡前你感觉很好，意识到能拥有这一刻是多么幸运的事。

你思考着维持幸福所必须做的一切事。你想了太多，不知不觉昏昏入睡了……

你刚刚经历了幸福的四种体验，每一种体验的性质、机制和意义都截然不同：情境、情绪、构建和幸福观。这些体验适用于什么？能带给我们什么？

幸福的情境

下面这段引文摘自一位教师的来信，他如今在法国西南部过着退休生活，我经常和他长时间探讨幸福……

亲爱的克里斯托夫：

那天你请我讲讲幸福的时刻。我随意回忆了最近的一些时刻：

- 妻子在家里摆上花儿；
- 早晨推开房间窗户，看到赏心悦目的景色；
- 在电话里听到孩子们欢乐有力的声音；
- 和朋友们一起吃烤野鸽烩串；
- 和孙子们认真地探讨最初的人生思考；
- 观察鹤群神奇的飞行；
- 维修损坏的百叶窗，重新安装，审视劳动成果；
- 意外接到远方好友的来电，告知下午要上门拜访；

- 独自在林中漫步，不时地停下脚步聆听大自然的声音；
- 和侄子们品尝一款有年头的阿玛尼亚克烧酒；

……

我们经常说到的“幸福时刻”，指日常生活中那些寻常却又甜蜜的时刻。毋庸置疑的是，还有其他幸福突如其来的时刻，通常可以归结为以下四种：交流的时刻（聊天、信件、电话）、身心共融（融入大自然，欣赏艺术）、感官体验（品味美食或身体享受），或有所成就的时刻（工作或爱好）。

某些日子似乎更适合制造幸福时刻，这到底是取决于情境，还是因为你更敏感？有人会错过幸福时刻，看不见，抓不住，让幸福从身边溜走。有人会勇往直前追寻幸福，让自己更容易接纳幸福。有时候日常生活的这些小节目不会自动开场，所以，自始至终，主动性都至关重要。

这些情景，这些时刻，都是幸福的脚踏板，前面还有长长的路要走……

幸福的情绪

索菲

幸福，它总是随心所欲，想来就来，想走就走，大部分人都把它遗漏了。幸福更像猫，而不是狗。什么时候过

> 来趴在我们膝盖上打呼噜，全取决于猫儿自己。猫还会赌气，离家出走几天不见踪影。呼唤它的时候，它也不会飞奔而来。所以，我不喜欢说自己是幸福的。我只会说我感到幸福。幸福不是一种稳定的状态，幸福太任性，难以控制。

“感到幸福”，这是一种略有不同的维度，幸福不再仅仅存在于我们的外部，更存在于我们的内心，以某种情绪表达出来。

情绪是对一种情境的身心感知，这种感知往往比理智和语言反应更迅速。情绪是不请自来的，我们无法控制情绪的产生（但是可以控制情绪的强度，选择是否要把这种情绪表达出来，决定表达情绪的方式）。我们只能激起某种情绪，但是无法决定要嫉妒、生气或是高兴。

毫无疑问，幸福与情绪的世界很近（不过我们会看到幸福比情绪更丰富）：幸福的感知都是不由自主的身心感受，往往难以用言语表达，我们做不到应要求而感到幸福。有一些情绪更为内敛（忧伤），有些则激情洋溢（高兴），幸福也一样，有平静，也有激烈。

幸福的构建

上文提及幸福有两种体验：情境和情绪，让我们想到环境

（提供什么？）与人（如何应对？）的互动影响。我们所说的幸福的构建，不再是一种被动的现象，而是处于舒适的情境中，更积极地接纳幸福，主动寻找并创造幸福的情境和情绪，让幸福来得更猛烈、更持久。

从词源上也可以窥见一斑，法语中“幸福的”（heureux）最初的含义“得益于”顺风顺水的好运。“幸福”（bonheur，名词），拆开词根，意思是“好的时运”[1]，因此也就有了一种说法，叫作“幸福交好运”。后来，幸福这个词的应用不断发展，如今用来指一种精神状态。这种词义的变化发展，也符合我们对于幸福的态度和信念。几个世纪以来，人们逐渐认为幸福不再仅仅是上苍的赐予，而是可以靠人力构建来获得，所以我们才会有“制造幸福的工匠”这种说法。

上文提及的这位来自法国西南部的教授，他也列举过一些幸福的例子，指出幸福与构建步骤和努力密不可分：

- 暗自说服自己和某个有敌意的人言归于好，有时候真的做到了；
- 陪伴遭遇不幸的朋友，聆听他的倾诉；
- 内心的斗争，有时候能战胜自己……

1 A. 雷伊（A. Rey），《法语史辞典》（*Dictionnaire historique de la langue française*），巴黎，Dictionnaires Le Robert 出版社，1992 年。

这种从接纳幸福到创造幸福的历程，有点儿像人类与食物的关系变化（其实幸福从某个角度说也是一种精神食粮）。

人类曾经在很长一段时间里靠狩猎和采摘野果为生，他们的饮食取决于生活区域内可以找到和采摘到的食物。慢慢地，人类开始种植粮食，饲养牲畜，更好地控制了食物资源。这种发展有利（减少饥饿,有能力发展技术和文化……）亦有弊（权力斗争、争夺占有权、生产过剩……）。

幸福的发展也同样如此：现代人憧憬着掌控幸福，不再满足于本原的幸福，而是试图繁殖幸福。比如好莱坞电影的梦工厂、幸福制造机。只是，最大的问题在于，这种培育出来的幸福是否和本原的幸福味道一样，人工制造的幸福能和天然的幸福相媲美吗?

或许这样展开探讨是一个错误的出发点，很久以来，我们已经不再将灯光和自然光对立看待。灯光和自然光，我们都需要,两者各有优势,田野晨曦和都市夜景同样让人感到美好……所以，无论是自然而得或被赐予的幸福，还是创造和制造得来的幸福，我们都需要，两者并不对立，而是互为补充，并不像那些信仰“千万别企图找幸福，找来的幸福都不是真幸福”的人所宣称的那样。

幸福观

奥雷莉

我父母的幸福观截然不同。母亲是一个凡事紧张、对未来忧心忡忡的人，从来不敢尽情享受，就怕乐极生悲。她信奉人怕出名猪怕壮，要想幸福就要低调，以免招致不幸。对她来说就是“把幸福藏起来，就算不小心被别人看出来，也一定要坚决否认”。她坚信幸福不可外露，过于张扬会引起神的愤怒、世人的嫉妒。父亲的看法完全不同，他认为幸福可以实现，所有人都有幸福的权利，我们活在这个世上就是要幸福。对他来说，不幸是反常的。母亲越是凡事担惊受怕，他越是凡事信心十足。当母亲批评他过于乐观时，他回答说：“就算是错的，能这么想也对我有好处。”

感觉幸福会不断提升幸福感。认为人可以得到幸福，认为自己的生活是幸福的，也会提升对事物的判断力，我们甚至可以说这是一种信念，一种带有个人主观色彩的世界观。这种世界观会深深影响我们对生活的态度，也解释了为什么人会感觉幸福或不幸福：我们选择或接纳或忽视，或重视或无视某些事件。我们也可以做到对幸福的情境视而不见，枉费了那些幸福的情绪。相反，我们也可以让那些点滴幸福长时间地成为内心的支持。

一种积极的幸福观可以确保和谐有爱的生活。有一位病人曾经说过："当我又累又郁闷的时候，总是要过好一阵子才会再次感到幸福。"这句话透露出一种幸福观：即使忧郁，但只要知道幸福在前方就好。就像即使雨天也不消沉，期待风雨后见彩虹。

但这恰恰是消极的人所无法做到的，他们觉得痛苦得看不到尽头。痛苦的忧郁成了一种病。也是因为如此，即使身边人一再鼓励，他们也难以抵抗或应对忧郁。他们的幸福观被消极的抑郁摧垮，连努力的动力也没有了（"有什么用呢？生活只会带来痛苦和失望……"）。所以，过度消沉需要药物治疗或心理治疗，仅靠个人的意志是难以战胜的。让我们再来仔细谈谈幸福观。

什么是幸福观的基础？更多的是基于主观，而非客观，常常是一段私密的往事、一段人生历程。奥雷莉最初也像她母亲一样对生活反应过激，就像胃酸过多，直到30岁，她才开始像父亲那样觉得幸福是可以实现的。

我们每个人都有自己的幸福观，或可能或无望，或行动或放弃，或入世或出世……总之，要么努力争取，要么依赖碰运气。所有人都知道幸福是一点一滴的。有些人顺其自然，偶尔也能得到幸福；有些人努力追求，幸福来得更频繁、更持久……

“我感受过幸福，可这不是最让我感到幸福的事”

最后，综观各种幸福体验之后，我们可以更好地理解朱尔·勒纳尔（Jules Renard）这句看似自相矛盾的话。

一部分幸福是生活给予的（情境、情绪），另一部分则是我们自我构建、自我感知的（构建和观念）。前一种给予我们感受幸福的机会，已相当不错；第二种让我们的生活更加幸福，比依赖偶然而得或过往的小事件更胜一筹。

说实话，在认真严谨地重读朱尔·勒纳尔的随笔《日记》后，我觉得他想表达另外一层含义：小幸福比轰轰烈烈的幸福更加让人幸福，并赋予生活更多意义。关于这一点，我们会再详细谈及。幸福并不是彻底理性的（虽然理性能帮我们更好地驾驭幸福），也无法完全预见（虽然最好能事先思虑）。让我们来看看这其中的原因……

幸福：一种与众不同的感觉

从舒适感开始

“幸福，就是当我感觉舒服的时候……”

首先，对于幸福这样高贵的概念，谈舒服岂不是太不贴切？说得好听一点儿是舒适，说得通俗一点儿或直白些，难道是慵懒？不过，从性质上说，舒适或许是最接近幸福的状态了。

对于幸福的概念，科学家格外谨慎，他们宁可只用舒适的概念，关于舒适感的研究日益增多。[1] 在让－路易·塞尔旺－施赖伯（Jean-Louis SerVan-Schreiber）的论著《开心地活着》（*Vivre content*）中[2]，他狡黠地建议大家放弃幸福，或至少不要使用幸福这个词，而是去寻找开心，就像是找一枚“幸福的硬币”。

不管怎么说，的确如此，人生的道路上总有愉快时刻，至少我们能够创造出一些幸福时刻。这些时刻有些是顺理成章、可以预见到的，比如春日在熟悉而又喜爱的小路上漫步、参加聚会、和挚友聊生活、聆听心爱的乐曲……也可能只是极其平凡的小事、不期而遇的小快乐，比如正为一项棘手的工作绞尽脑汁的时候转头听见窗外的鸟鸣声、路上陌生人对着你微笑、意外接到心爱友人的来电、看见两个小朋友手牵手在路上走……

这些时刻以不同的形式让我们感觉心情舒畅，对我们很有好处。所有有助于舒适感的事，都会促进幸福的到来，不过只

---

1 D. 卡尔曼（D.Kahneman）、E. 迪纳（E.Diener）、N. 施瓦茨（N.Schwarz），《快乐：享乐主义心理学的基础》（*Well-Being：The Foundations of Hedonic Psychology*），纽约，Russel 基金会（Russel Sage），1999 年。

2 J.-L. 塞尔旺 - 施赖伯，《开心地活着》，巴黎，Albin Michel 出版社，2002 年。

是促进，仅此而已。舒适感是一个十字路口，一扇开启的窗户，通往各种可能的幸福。可能就是舒适，也可能带来其他体验。在舒适感这个层面上，幸福仍然是一种奢望，一个幻影。此时，不过是“有点儿小感觉而已”……

幸福是一种感觉

如果没有最基本的感知意识，舒适感永远不可能是一种幸福。孟德斯鸠曾说过：“即使人们正享受着幸福，他们也压根儿不知道这就是幸福，你还必须去说服他们这就是幸福。”这就是舒适感的感知意识，这是幸福的基石，舒适感也由此得到提升，从简单的舒服状态进入更深的层次。

这种感知意识是一种更为费力的心理历程，总是会遭到日常生活的各种阻挠，我的一位病人称之为“心理污染”：焦虑、压力、疲惫、要求过多……或许正是因为如此，幸福总是在回忆中，如同诗人的忧伤诗句：“噢，幸福，在你挥别时，我才认出你。”

不管怎么说，对当下的感知是幸福不可或缺的因素。甚至有时候这种感知力比幸福本身更重要，如阿尔贝·加缪（Albert Camus）所说：“如今的我不再渴望幸福，而是渴望有意识。”有一本关于蒙田的好书，书名就叫《蒙田及幸福意识》（*Montaigne,ou la conscience heureuse*）[1]，而蒙田这位关注幸福的哲学家在他的《随笔集》中也曾写道："此生只求活着并快乐。"

幸福是一种主动的念头或内心的对话（如果没有身体或心理的响应，人们很难说服自己是幸福的），也是一种情绪或心情（好心情），有了感知力，幸福才能成为神经心理学者所称之为的"感觉"，即"某种情绪的个人心理感受"。[2]从舒服的情绪进入幸福感，感知力是必不可少的条件，不过仅有感知力仍然不够……

幸福一旦拥有，别无他求

克莱芒丝

什么是最大的幸福？是今年夏天的一张明信片；是在载着我去往希腊小岛的小船上，眺望远处的一抹夕阳；是有男友相伴，欣赏着绝美的景致，此时此刻别无他求。像我这种总是对环境挑三拣四的人，难得有这样心满意足的时刻。我觉得人类可以感受到的所有舒服都集中在这一刻了。

1　M. 孔什（M.Conche），《蒙田及幸福意识》，巴黎，PUF 出版社，2002 年。
2　A. 达马西奥（A.Damasio），《自我的感受》（*Le Sentiment même de soi*），巴黎，Odile Jacob 出版社，1999 年。

幸福的体验，是一种舒适感的升华（提升、超越）。幸福和享乐不一样，幸福让人喜形于色，甚至超出了个人对身体或心理的控制。幸福比我们自身更广阔，让人得到提升，超越了个人。而且，幸福是终极憧憬，一旦达到就不再需要任何东西。难怪古希腊罗马哲学家，如亚里士多德，将幸福称为“至臻”。

感觉到完美和圆满，觉得得到了想要的一切，再也别无他求，只求这一刻能永恒持久。狄德罗和达朗伯都看到这一点，他们曾将幸福定义为：“一种人们希望永恒持久、不要改变的处境和状态……”[1]

别拿幸福开玩笑!

“全家人聚在餐桌前，热腾腾的浓汤散发着诱人的香气，妈妈有时候会说：‘停下来先不要吃，也不要说话。’我们不明白为什么，但觉得很好玩，都照做了。妈妈说：‘这是让你们想一想眼前的幸福。别想要取笑生活……’”[2]

加拿大魁北克歌手费利克斯·勒克莱尔（Félix Leclerc）的这段童年回忆富有诗意地提醒我们，幸福意识存在一个悖论：

1 摘自 P. 富尔基耶（P. Foulquié），《哲学语言辞典》（*Dictionnaire de la langue philosophique*），巴黎，PUF 出版社，1962 年，74 页。

2 F. 勒克莱尔，《赤脚望晨曦》（*Pieds nus dans l'aube*），蒙特利尔，Bibliothèque québécoise 图书馆，1982 年。

幸福意识感越强，舒适感越强，而与此同时，幸福意识也让我们认识到幸福转瞬即逝。

法国作家菲利普·德莱姆（Philippe Delerm）同样描述了从远处静静看着妻子和儿子时的揪心体验："我知道，这一刻是我最幸福的时光。说出幸福两个字，令我突然心生恐惧，浑身颤抖。"[1]

连环画里的那种傻乎乎、喜笑颜开、毫无伤害、让人安心的幸福，似乎离我们很远……甚至有点儿令人感伤？所有人都憧憬着幸福能够持久永恒，然而幸福自身的特性将这种憧憬变成不可能实现的幻梦，幸福作为一种感觉，是身心平衡、天时地利人和的短暂火花。

万物皆不完美，幸福亦是如此！

幸福的魔力

现在，我们更能理解为什么幸福不是想要就有的！幸福到来所需要的心理历程更是复杂而微妙的。

总之，我感受到幸福，我意识到幸福，我别无他求，同时，我也知道幸福会停止……

幸福的历程非常脆弱，我可能不觉得舒适，我可能没有力

1 P. 德莱姆（P. Delerm），《幸福、绘画和聊天》（*Le Bonheur, tableaux et bavardages*），巴黎，Éditions du Rocher 出版社，1998 年。

量、没有欲望、没有能力汲取最美好的部分。幸福的魔力就在于，无法长久拥有反而令人倍加渴求，又因为无法长久拥有，令人为之苦恼纠结……

所以，你将在书中和我们一起了解幸福的历程，尽管困难重重，却又相对简单。别担心，这就像好莱坞怀旧老电影那样，主人公在历经各种曲折磨难之后，终究会有一个美好的结局。

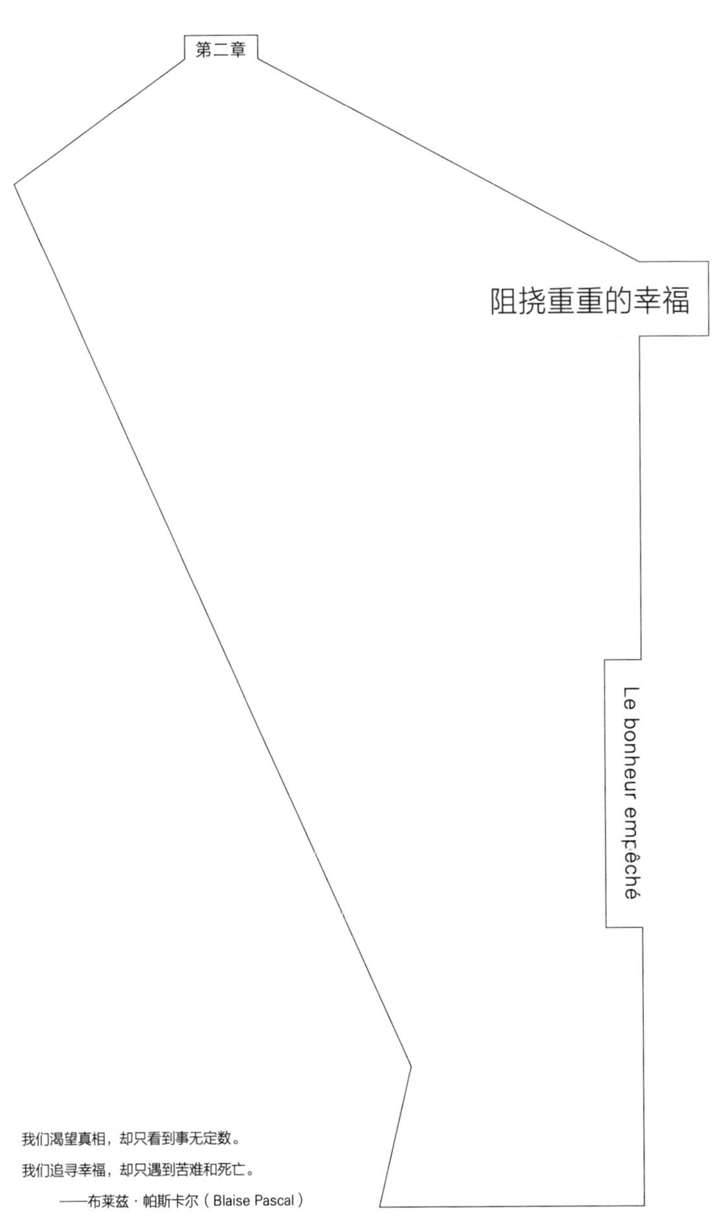

第二章

阻挠重重的幸福

Le bonheur empêché

我们渴望真相，却只看到事无定数。

我们追寻幸福，却只遇到苦难和死亡。

——布莱兹 · 帕斯卡尔（Blaise Pascal）

“你在写关于幸福的书？幸福这东西没人能说透，也没人能得到。建议你不如写写不幸，它更简单！”

我最终还是没有听取这位朋友的建议，不过至少有一点他没有说错：不提不幸，就无法谈幸福。也可以说，关于幸福的问题都离不开不幸，比如为什么有那么多人难以感受到幸福？为什么说想要摆脱不幸不一定非要幸福？遭受惨重不幸的人，能否彻底走出阴影？

我没有幸福的天分

他以为紧紧抓住了幸福，幸福却被他捏碎了……

——路易·阿拉贡（Louis Aragon）

埃娃

对我来说，幸福是一种奢望。也许是因为幸福让我感到紧张。幸福来的时候，我看不见。可能因为幸福让我局促不安，我逃开了。我甚至亲手毁了幸福，虽然我明明知道这样不好。曾经有位心理医生对我说，因为我过于惧怕幸福，才无法感受到幸福。可问题是，他一直没有教会我如何不害怕幸福……

真的有人惧怕幸福吗？

记得当我还是一名初出茅庐的实习医生时，前辈们描述的一些病人常常令我惊讶不已，他们有伤害自己的欲望，或受虐狂臆想，甚至抗拒治疗……20世纪末的精神病学有一个糟糕的习惯做法，如果无法治愈病人，就会把责任推卸到病人身上。很久之后我才明白，前辈们的话往往不关乎事实，而是更多地泄露了经过长时间治疗仍无力治愈病人的懈怠。后来，我又遇到关于幸福的相同问题：人是有可能惧怕幸福的……难道这又是老一套的成见？

愚蠢笨拙："幸福有什么用？"

"我受不了幸福。没这个习惯。"女作家玛格丽特·尤瑟纳尔（Marguerite Yourcenar）[1]这样写道。我们看到，幸福的本事，有些人一辈子都学不会。与其假设是"惧怕幸福"，不如说是缺乏幸福的能力。所有人都渴望幸福，但不是人人都能学会获得幸福、享受幸福。当幸福来临时，或者幸福有可能出现时（幸福不是从天而降赤裸裸地展现在眼前，而往往只是某种可能，或只是初露端倪），人们反而不知所措了。

诗人保尔·福尔（Paul Fort）曾写过一首家喻户晓的诗《幸福就在牧场里》（*Le bonheur est dans le pré*），他说："如果我们无法主宰幸福，也根本不懂得如何识别幸福、抓住幸福，那么幸福又有什么用？"[2]

患得患失："有了幸福又该怎么办呢？"

有些人老是忧虑不安，觉得幸福是一件为难的事。一旦幸福出现，或只是露出端倪，他们马上会想："之后呢？"幸福出现了或刚有幸福的迹象，他们的第一反应是担心失去幸福，

1 M. 尤瑟纳尔，《火》（*Feux*），巴黎，Gallimard 出版社，1993 年。
2 P. 福尔，《法兰西巴拉德短歌》（*Ballades françaises*），巴黎，Flammarion 出版社，1983 年，91 页。

担心幸福再度消失。于是，有些人采取了唯一一种可能的预防措施，那就是“既然害怕幸福逃走，不如一开始就远离幸福”，就像塞尔日·甘斯布（Serge Gainsbourg）的歌里唱的那样。

我们已经看到，能够意识到幸福短暂，也是享受幸福的条件之一。只不过对有些人来说，这是难以忍受的事，他们宁可选择只待在沙滩上而不下海：“我宁可离幸福两步远，也不要双脚都踩在幸福里……”

有时候是一种迷信：“一旦泄露幸福，就会招致不幸？”

埃利

当我感到幸福或预感到幸福兆头时，我宁愿不要过于喜形于色，不然我感觉反而会给我或家人招致不幸。我只想不张扬地好好享受幸福生活。我买了新房子，办了一个乔迁宴。当时有位女友问我：“怎么样，住在这么漂亮的房子里，你一定很幸福吧？”这问题让我感到很尴尬，不知道该怎么回答。住在新房里，我的确很幸福，但是承认这一点让我感到害怕。我只好答非所问……

如何才能远离不幸，召唤幸福？从蒙昧时代开始，幸福与不幸的关系就一直是绝大多数迷信的根源。[1]古希腊神话中的

1 E. 莫扎尼（E.Mozzani），《迷信之书》（*Le Livre des superstitions*），巴黎，Robert Laffont 出版社，1995 年。

诸神甚至会嫉妒幸福的凡人。也许正是因为如此，地中海文化圈的人才会选择缄默，不敢张扬幸福。[1]唯恐泄露了幸福，招致不幸……

我们知道，关于幸福的神怪信仰认为，人类不具备足够的能力（或没有足够的信心），无法自己创造幸福，所以，过于迷信的人觉得无力掌控生命和生活。

习惯了忧伤："不幸，我太熟悉了……"

奥尔加

怎么说呢？很矛盾，有太多不幸了。我习惯了孤独、悲伤、忧郁、消沉……有一次和男友分手之后，我感到悲伤，同时又松了一口气。我知道，我又可以恢复那些小习惯，重回大龄女青年的日子。一个人孤单单的晚上，坐在电视机前吃速冻食品。比起努力过两人生活，我觉得这种时候更自在。我总是担心不会再爱了，或是没人再爱我了，寄予希望的事情一再让人失望……

我经常能遇到因为"习惯不幸"而备受煎熬的病人，不幸让他们郁郁寡欢。他们觉得不幸的时候比幸福的时候更像自

1 F. 卡瓦利 - 斯福尔扎、S. 卡瓦利 - 斯福尔扎（F.et S.Cavalli-Sforza），《幸福的科学》（*La Science du bonheur*），巴黎，Odile Jacob 出版社，1998 年。

己。有一位病人甚至称“忧郁是美味的猪肉”（幸福因不能长久才美味）。用美国诗人梭罗的话，就是“生活在平静的绝望之中”。

这种现象在那些不自信的人身上尤其突出。[1] 他们有时会认为自己更真实地存在于痛苦而不是快乐之中。这种长期的不幸感，不是刻意的选择，而是潜移默化形成的。因为生活没有教会他们如何幸福，他们不由自主地陷入早已习以为常的“忧伤”。

我们会想，这些脆弱的人是不是也会不由自主地抗拒幸福，害怕幸福离开后会更加痛苦？“别太开心，才不会乐极生悲”是他们奉行的信条。法国诗人保尔·福尔不就有一首诗题为《幸福的人儿需要安慰》（*Ne pas trop se réjouir pour ne pas trop souffrir*）吗？

文化禁锢：“幸福？别傻了，要知道……”

过去，有很多和幸福有关的宗教禁锢，比如很长时间以来，天主教认为人间找不到幸福，幸福只存在于天堂之中。

如今，对可能触及幸福的各种限制不再只限于宗教，而是

1 S. 亨佩尔（S.Heimpel）等人，《低自尊的人是否真的感觉更加良好？自尊心差异与负面情绪调整》（“Do people with low self-esteem really want to feel better？ Self-esteem differences in motivation to repair negative mood”），《人格与社会心理学》杂志（*Journal of Personality and Social Psychology*），2002 年 82 期，128—147 页。

更加隐蔽，正如弗洛伊德所言："根本就看不到人是可以幸福的。"寻求幸福是枉费工夫，对哲学家阿兰来说，"那些没有孜孜追求幸福的人，幸福反而慰藉般地降临"。

我们很难去评价这些文化禁锢的陈词滥调，但毫无疑问的是，对一定数量的人来说，禁锢抑制了幸福观。禁锢在我们的思想里清晰地呈现出来，表现为某种宗教观或文化观，我们可以重新审视、思考、质疑、调整……只不过这些禁锢往往最终成为我们内心的想法，潜移默化地植入潜意识中。比如，某些病人坚信他们"没有幸福的权利"。这些话是一种令人担忧的迹象，在心理治疗过程中，我着重引导病人思考：为什么又凭什么认为人没有幸福的权利？

我们看到，丧失幸福权利的信仰具有遗传性，不幸被真正地一代一代传递下去。在一些家族里，子子孙孙都像祖辈们一样屈服于命运："我们没有幸福的天赋……"

对一名心理治疗师来说，这些话犹如斗牛士手中刺激公牛的大红布，令他急欲进一步探究。但是经验告诉他，必须要慢慢来，质疑无权幸福、不幸不可避免的信仰，相当于质疑父母、祖父母一代代传下来的观念。无法拒绝祖辈们的言论，首先是因为他们这么教导并非为了伤害孩子，而且这些言论也并非一无是处，需要取其精华，去其糟粕。另外，学会幸福需要时间，没有必要一下子全盘否定，我们都需要生命的标记，即使是消极、有局限的，也不能一概否定。用心理分析学家阿兰·布拉科尼耶（Alain Braconnier）[1]的表述，必须“打断锁链”，同时更需要重建。正因如此，有些心理治疗需要很长时间。

日常生活中的不幸感

> 你聘定了妻，别人必与她同房；你建造房屋，不得住在其内；你栽种葡萄园，也不得用其中的果子。你的牛在你眼前宰了，你必不得吃它的肉；你的驴在你眼前被抢夺，不得归还；你的羊归了仇敌，无人搭救。你的儿女必归与别国的民，你的眼目终日切望，甚至失明，你手中无力拯救。你的土产和你劳碌得来的，必被你所不认识的国民吃尽。你时常被欺负、受压制。甚至你因眼中所看见的，必致疯狂……
>
> ——《圣经·申命记》，28:30—34

相比《圣经》中描述的不幸，我们普通人大多数的经历要轻缓得多。尽管如此，日常生活中那些点点滴滴的不幸，仍然

1 A. 布拉科尼耶，《小焦虑大烦恼》（*Petit ou grand anxieux*），巴黎，Odile Jacob 出版社，2002 年。

让人难过，备受折磨。和幸福一样，相比一次强烈的遭遇，不幸其实更多地在于日复一日的重复打击。在一项针对这种现象的科学研究[1]中，玛丽和西斯廷的案例（虚构）说明了这一点。

玛丽和西斯廷两姐妹将经历两件幸福的事，买彩票赢得1000欧元和收到2000欧元的个人奖金。玛丽会在同一天获得惊喜，西斯廷则要相隔15天。

哪一种幸福感更强呢？大部分人(63%)认为西斯廷更快乐，喜事接二连三更让人开心。

同样，她们还需经历两件不幸的事，被罚款1000欧元和被征税2000欧元。玛丽在同一天听到这两个坏消息，西斯廷仍是相隔15天。谁会更难过呢？一半以上的受访者（57%）认为西斯廷更难过，不开心的事最好一起来，不要反复刺激。

根据这个实用的心理测试，不幸的事最好集中在一起，幸福的事则要慢慢享受……

刻意让自己不幸？

“她折磨自己……”就像受虐狂一样，真正嗜好不幸的人其实很罕见。只是长期以来，人们轻易地给某些人贴上了受虐狂的标签，而他们也习以为常地接受了。但是，受虐狂症

1 P. 莱格伦齐（P.Legrenzi），《幸福》（*Le Bonheur*），布鲁塞尔，De Boeck大学，2001年，34—35页。

并非像人们所认为的那样。对施虐狂和受虐狂来说，有两种说法，第一种是“我爱他，因为他让我痛苦”，第二种是“我就喜欢他折磨我”。第二种更常见，但往往第一种才是真正的受虐狂。

同样，不能混淆“我难以感受到幸福”和“我喜欢不幸”这两种截然不同的心态。所有人都有可能出于无可奈何或无能为力而暂时性地折磨自己，让自己痛苦。刻意寻求痛苦，嗜好自虐，只是少数有人格缺陷的人的喜好，他们需要心理治疗的帮助。[1]

不幸观

有些病人总是抑制不住地认为自己是命运的牺牲者，注定不幸，没有幸福的权利。以前，我们把这种现象叫作“信命神经官能症”。信仰会深刻影响一个人的行为举止，日复一日地灌输，让人感觉自己招致了不幸（“重复式洗脑”），同时又让幸福逃走了（“我永远没有机会幸福”）。

海德的归因理论帮助我们理解抑郁症患者的思维模式，同时也为我们了解幸福观和不幸观的机制提供了非常有意思的视角。我们可以把抑郁看作一种心理疾病（心理医生称之为“情

1 J.E. 杨（J.E.Young）、J. 克洛斯科（J.Klosko），《我的重生》（*Je réinvente ma vie*），蒙特利尔，Éditions de l'Homme 出版社，1995 年。

绪障碍”或“情感障碍”)，与极度消极的人生观息息相关（是原因，还是结果？）。研究表明，抑郁症患者认为身边发生的不幸的事都有两种基本特性：一成不变（会一直持续下去）和普遍性（所有事都是这样）。[1] 患抑郁症的妈妈看到儿子学习遇到困难时，会觉得他的学习会一直有问题（一成不变），而且认为自己不是一位合格的母亲，也不是好妻子、好主妇（普遍性）。

有些人即使没有患上抑郁症，但总是感到不幸，并认定命中注定不会幸福。生活中遇到的所有不幸，他们都认为会一直持续下去（事情不会变好，没有任何希望），所有不幸都证明他们的生命就是一个失败（我一事无成）。即使是好事，他们也觉得是暂时的（好事不会长久），而且没有意义（那又怎样，根本不能解决我的问题）。于是，他们很难创造幸福……

幸福与不幸之间，你走到哪一步？

这是一道很简单的问答题，花几分钟时间，思考一下，这四种看法哪一种最接近你日常的感受：

- 我应该算是幸福的人。
- 我还算不上不幸。

1 L. 阿布拉姆松（L. Abramson）等人，《人类的习得性无助：批判与重构》(“Learned helplessness in humans : Critique and reformulation”)，《变态心理学》杂志（*Journal of Abnormal Psychology*），1978 年 87 期，49—74 页。

· 我并不算幸福。

· 其实我是不幸的人。

这四种看法代表了生命观中幸福与不幸的四个维度。让我们进一步看看这些维度。

“我应该算是幸福的人”

选择这一看法的人积极地看待自己的幸福能力。承认自己是幸福的人，并不是说没有遇到任何不幸，而是表明自己对生活整体是满意的，有更多的幸福时刻，更强烈的幸福感受，不幸不再无法忍受。而且相对来说，他们更有信心维持幸福，不断创造幸福体验。因此，敢于确认幸福让人不再害怕。虽然明白幸福有一天会消失，但更知道幸福还会再来。所以，只需要沿着这条路继续走下去……

“我还算不上不幸”

这么说的人往往对幸福抱着谨慎的态度。除了信心，他们还有更重要的理智，不轻易确认幸福，因为知道还有不幸，而且不幸就在不远处。同时更是出于谨慎，当别人问：“最近怎么样？”他们会回答说：“还不错，至少没有更糟。”因为知道有可能会更糟，所以感到庆幸，没有不幸，已是万幸。他们期待成为幸福的人，并信心满满地去创造幸福。

“我并不算幸福”

这种说法反映了对幸福的悲观态度。得不到幸福，一再失望，让人痛苦。虽然明白幸福是可能的，就算不是自己，至少有人会幸福。但是仍然感觉到没有办法获得幸福，就算有，也是转瞬即逝、碎片式的幸福，而且觉得（往往是错误的感觉）得到的都是一些含金量很低的幸福。不过，持这种看法的人内心明白，这不是不幸。我们可以做出努力，而且有望获得成果，那就是提高对幸福小事的接受度，学会不要自寻烦恼……

“其实我是不幸的人”

这种说法来自最让人痛苦的不幸观。彻底放弃幸福，至少看不到眼前的幸福。心情沉重，整个人沉浸在痛苦之中。不幸的灾难把人压垮，而且紧跟不放，甩也甩不掉，长达几年都摆脱不了。那些恼人的不幸小事，日复一日地出现，让人不得喘息。幸福的希望微乎其微，几乎看不到，所有痛苦的人只盼着一件事，就是痛苦（不幸）赶紧结束。对这些人来说，想要幸福的方法很多，首先不要一个人待着，而是要去寻求心理治疗师的帮助。一切需要从头开始，一切皆有可能……

关于幸福和不幸的几个问题

这是一场不公平的战斗？

奥罗尔

当我难过的时候，我的心情就像放任自己从一个大斜坡上往下滑。我觉得人存在的通常状态就是痛苦，开心是不断努力的结果。幸福不是天赐的，要不断去争取。有时候真的很累。我渴望幸福，但希望幸福能简单一点儿，最好幸福自然而然就这么来临……

我们已经看到，幸福和一种最基本的情绪息息相关——开心。不幸则依赖于更多情绪，首先当然是忧伤，同时还有生气、害怕、羞愧……那么，突如其来的幸福或不幸，从何而来？

幸福和不幸的情况不同。比如，很少有一种强烈的幸福，会在生活中留下深深的印记，伴随一生，但是极大的不幸却会如此。

我有一位病人，几年前在车祸中失去了大女儿。生活的脚步从此停止了：她不允许任何人进入女儿的房间，必须保持女儿最后一天出门时的那个样子，不能有任何改动。“我觉得只有这样，对女儿的思念才有所依靠，不会仅仅是一种空想。我知道这不正常，但是这种病态是我活下去的唯一理由。只有这样，我才能忍住悲伤和痛苦，而这种痛苦是我活着的唯一目的。”她用自己对女儿的思念，筑起了一座坟墓，变成了她的不幸。她天天只想着为失去的女儿哀悼，却看不到还有更广阔的生活等着她——她的其他孩子、丈夫、朋友……

即使没有发生如此悲痛的事，不幸也总是比幸福留下更多印记。幸福过后，如果还想保留幸福的感受，需要付出更多的能量和努力。而不幸过后，则很容易依旧沉浸在苦痛之中。我的一位病人称之为“不幸的诱惑”。

要幸福，就必定经历苦难？

> 哎呀，你们这些善良、舒适的人啊，怎么对人的幸福几乎是一窍不通呢？须知幸与不幸是一对孪生兄弟，它们共生共长；可是，它们在你们身上总也长不大！
>
> ——弗里德里希·尼采

尼采认为，感受幸福的能力与经历不幸的能力密不可分。若想不惜一切代价远离不幸，必定会削弱幸福。对尼采来说，精神磨难并不稀奇。即使尼采算不上幸福学院的最佳教授，但是这位天才提出了一个至关重要的问题：其实，在“正常”的生活里，阻挠幸福的最大威胁不是苦难，更多的是烦恼和闷闷不乐。

的确，烦恼会悄然在幸福里筑巢。我们对生活的一切习以为常，也习惯了幸福，不会定期自省（告诉自己是幸福的）。而不幸反而会提醒我们，拥有幸福是一种幸运。

所以，对幸福来说，苦难是有用的。这么说不无道理，但是需要亲身体验（经历苦难），还是领会道理即可（明白不幸存在，且时刻威胁着生活）？我想心里明白就足够了。可是实际上……人们往往不够智慧，总要等到不幸来临，才懊悔没有抓住幸福。

苦难之中能否感受到幸福?

埃莱娜

在我丈夫的葬礼结束后，所有的孩子和亲朋好友都围着我，满满的都是关爱，那一瞬间，我甚至有种幸福的感觉。我对自己说，看到我们都在这里，表达对他的爱，他一定也会感到幸福。他的一生是成功的，留下了一群幸福的孩子。只是，在这一刻感到幸福反而有一种罪恶感，他离开了我们，我们又怎么能够笑得出来，又吃又喝呢……

有时候，在一些非常微妙的情境下，不幸夹杂着多种情感，甚至包括一丝丝的幸福感，比如爱情。我们有很多著名的例子，比如朱丽叶·德鲁埃，面对见异思迁的维克托·雨果，她说：“他让我痛苦，已令我倍感幸福。”又比如小说《葡萄牙修女的情书》（*Lettres de La religieuse portugaise*）[1]，葡萄牙修女玛丽·安娜被一位法国绅士引诱后又被抛弃，她说：“只要能够见到他，我甘愿受尽折磨。”

多种复杂情感交织在一起，可能产生的心理问题就是难以取舍。如此多的复杂情感杂糅在一起，难道就是感受幸福的唯一方式吗？这岂不是预示着其他痛苦将来临，还是说这只是特定的生命历练？用来证明经历风雨之后我们变得更成熟。

幸福之中是否还有不幸？

达米安

我父母过世太早，无法亲眼看到我的成就，来不及认识我的孩子，也没有机会和我们一起分享快乐时刻。往往都是在开心轻松的时候，或者是兴奋一天后稍微安静下来的时候，我会突然想起他们。一下子，我的幸福就笼罩上

1　吉耶哈格（Guilleragues），《葡萄牙修女的情书》，巴黎，Mille et une nuits 出版社，2000 年。

一缕忧郁和悲伤。虽然幸福还在那里，但是不再光芒四射，仿佛美好的万里晴空飘来一片云。

达米安描述的场景吸引了很多研究者，表明了人有可能同时感受完全矛盾的情绪。从理论上说，人们未曾设想到人类大脑有这种功能。在现实中，复杂的大脑机能包容了各种微妙的能力。达米安的描述展示了不幸感如何不请自来地侵入强烈的幸福之中。

圣诞节会下雪吗?

桑德里娜 · 韦塞（Sandrine Veysset）的电影里（1996 年），一位生活陷入困境的年轻妈妈，想带着五个孩子在圣诞节夜里一起自杀。其实她是幸福的，虽然瘾君子老公离家，但家里有暖气，有点余钱可以买圣诞节礼物，孩子们都在一起，相亲相爱。只是她意识到这种幸福太短暂、太有限，想到这一点，她越来越难以忍受……大家开开心心地吃完圣诞节晚餐，等到孩子们在家里唯一一间有暖气的房间里都睡着了之后，她静静地紧闭门窗，关掉了暖气……半夜，她突然被孩子们的欢呼声吵醒，孩子们打开了窗户，屋外下雪了。大家都活了下来……

安娜－洛尔

那些即将逝去或触摸不到的东西，总是会让我感动。记得还是学生的时候，大学毕业考试前的那个秋天，我和闺密们一起度过的那些时光。我们很快就要分离，这让人伤感，又倍加珍惜……

安娜－洛尔的这番话表明了即将结束的时光、即将分开的好友相聚带来的一种带着忧伤的幸福感，两种不同的心理建构交织在一起，既有幸福时光、美好回忆的甜蜜，也有即将分离的忧伤。

夏洛特

我有幸福困难症，不知道从哪一天起，幸福突然变得无法承受，不幸感从天而降。尤其当我看着孩子们嬉闹，或是一切都很顺利的时候，我会没来由地感到伤感，想到他们会遭受不幸，会变老，会死去……

幸福感是对抗死亡焦虑的良药和最佳解毒剂。但是对夏洛特这样多愁善感、忧心忡忡的人来说，幸福感仍然无力抵抗焦虑。更糟糕的是，一旦感到幸福，转眼就会焦虑，害怕不幸即将来临。面对潜在的不幸，该怎么办？别无选择，只能直面不幸，冷静思考；然后转身离开，努力重新投入幸福之中……

智者言

“祸兮福之所倚，福兮祸之所伏。”

公元前 6 世纪的中国智者、道家创始人老子，曾这样说过。他擅长清晰地定义不同范畴、论证对立的概念，比如幸福和不幸。他的智慧令西方人着迷。

幸福和不幸是复杂的情绪和心理状态，人们可以清晰地意识到两者密不可分。我们已经看到，有时候幸福感蕴含着一种担心幸福转瞬即逝的焦虑。同样，在某些不幸的当下，人们仍可以感受到幸福即将来临。

让我们首先从一些较为简单又明晰的现象说起……

幸福可以让人远离不幸?

爱德华

幸福阻止不了灾祸降临。当我身处幸福之中，我知道，也许某一时刻悲伤就会降临。我就对自己说，世事就是如此，人生也有起伏，犹如四季更迭，风雨过后才能见彩虹……

曾经幸福，并不能避免日后感到不幸。明白还能幸福，更能承受不幸，至少知道不幸终究会过去……只是幸福的回归并非显而易见。从精神病学角度来说，我们知道，导致自杀的最主要原因，除了内心的极度痛苦外，更致命的是失望。使用率最高的自杀风险评估方法之一是绝望量表（衡量“绝望的程度”），这份测试表明病人对未来生活的希望或者失望到了什么程度。[1] 极端的痛苦无疑是彻底的绝望，如诗人奥迪贝蒂[2]（Audiberti）写道：

肮脏的绛红色裙摆下，

邪恶的金色面纱下，我是这个世界的女王。

我是绝望的痛苦。

有可能直面“真正”的不幸?

面对极端的不幸，亲人离去、患上重疾、流离失所或破产，如果再对当事人说些冠冕堂皇的教诲，未免显得狂妄自大。有时候朋友会问我：“作为一个心理医生，面对非常不幸的人，他有足够的理由悲伤痛苦，你该说些什么呢？”在这个时候，重要的不是说什么，而是去理解他，尽力接近他，和他一起面对苦难。极端的痛苦会让人心理失去平衡，自我保护的意识容易让人变得无可救药般局促不安、做事轻率、自私自利……身为心理治疗师，我曾经陪伴过几位遇到巨大悲痛的病人。

1　A.T. 贝克（A.T. Beck）等人，《悲观主义的标准：绝望量表》（“The measurement of pessimism : The ‘Hopelessness scale’”），《咨询心理学与临床心理学》杂志（*Journal of Consulting and Clinical Psychology*），1974 年 42 期，861—865 页。

2　J. 奥迪贝蒂，《人类种族》（*Race des hommes*），巴黎，Gallimard 出版社，1968 年。

记得有一位病人，一位失去儿子的父亲。当时我还年轻，在一家医院做心理咨询师。医院里有很多癌症患者，免不了需要心理疏导。有一天，我们接收了一名20多岁的男生，他患有非常严重的肺部恶性肿瘤，所剩日子不多了。他父亲每天都来医院，长时间地陪着他。这位父亲身材高大，面容俊俏，眼神犀利，给所有人留下了深刻印象。一天，几位护士神情紧张地来找我，因为这位父亲在看到儿子病情骤然恶化之后，在休息室晕倒了，醒来之后再也不开口说话了。我有点不知所措地走进休息室，不知道该说些什么宽慰的话。他一句话不说，也没有抬眼看我。我这辈子从来没有这么窘促过。其实只需尝试着和他对话，让他开口说话。打开话题很不容易："我是这里的心理咨询师……我知道您遇到最痛苦的事……不知道能不能帮到您……可能现在您不想被人打扰……"每一句话，得到的回应都是让人难过的沉默。我无可奈何，只能选择离开，于是我对他说："您希望一个人待会儿，还是要我在这里？"他沉默了好一会儿，终于开口说："请留下来。"

我陪他待了大约两个小时。他说了很多关于儿子的事，儿子即将离世,他还有其他孩子。我努力尝试将话题引向好的方面，让他把内心的苦痛倾诉出来（我了解到他妻子很消沉，很脆弱，他肯定从未向她倾诉过），聊聊在儿子最后的日子里作为父亲的重要性。我小心翼翼，如履薄冰，生怕哪一句话触碰了他的神经，他随时可能跳起来，冲着我说："别这么和我说话，我儿子还没死！”但是我真的不知道我们还能谈些什么。我不是来和他交换想法的，他有朋友可以说。

最后，他问我多大，当时我比他儿子就大几岁。我们默默地对视，两人想着同一件事情。我仿佛听见他对我说：“你瞧，你还活着，而我儿子快死了。”告辞的时候，他简单地向我致谢。我走到走廊尽头，回头看了看他，而他也正默默地看着我。我下意识地做了一个不自然或者说是有点可笑的动作，意思是再见并且加油，他没有任何反应。两天之后，他儿子去世了。

过了一个月，我的工作室收到了一封信，信的内容很短，大致意思是说：“你帮了我，我从来没有和任何人说过我身上发生的事，除了你。我已经开始专注于照顾妻子和另外两个儿子。我感到深深的不幸，但是我愿意继续生活，这并不是说我忘记了尼古拉（他逝去的儿子）。”

几个月之后，我在图卢兹的路上看到了他，当时我正在图卢兹生活。我们两人都停下了脚步。我似乎看见他对我微笑，并且做了一个我之前对他做过的手势，然后他就转身走远了。这一次，是我默默地目送他离去……

关于不幸，安德烈·孔特－斯蓬维尔（André Comte-Sponville）曾经写道：“我受尽苦难，我知道不幸是什么……现在，要记得不幸是暂时的，不幸总会过去。有不幸才可能有幸福，至少事物必有两面。难道这只是一种安慰？没错，在痛苦的时刻，这确实就是我的安慰……”[1]

那些曾经经历过极端苦难却最终挺过来的人，他们是怎么做到的？通常，他们不会自我封闭，他们会行动起来，努力让自己的生活不被苦难全盘打倒，他们敢于谈论失望，谈论疾病，谈论瘫痪，谈论痛苦。有机会陪在这些人身边，观察他们，可以看到他们经历了四个阶段：

· 首先，身处不幸之中，眼看着别人仍在幸福地生活；

· 其次，慢慢接受生活仍要继续，坦然面对别人的幸福；

· 再次，渐渐地，生活里出现点点滴滴的快乐；

· 最后，幸福重新成为可能，幸福也许以另一种更深沉的方式呈现，更像是平静，而不是开心。

不幸之后还能幸福？

逃离痛苦的牢狱，或许比走出真正的监狱更难。长时间的禁锢让重获自由的人在重见光明的那一刻也感觉不到快乐，不是一种解脱，反而感到焦虑，无所适从。[2] 监狱外面往往无人迎接……

---

1 A. 孔特－斯蓬维尔，《哲学辞典》，巴黎，PUF 出版社，2000 年。

2 C. 普里厄（C.Prieur），《自由的暗礁》（“Les écueils de la liberté”），《世界报》（*Le Monde*），2002 年 12 月 20 日，14 页。

同样，遭受极度不幸的人感受幸福或者说重新感受幸福，也不是一件容易的事。但这是有可能的。这就是我们所说的“回弹能力”，不仅仅是应对不幸，同样是为了重新构建幸福。法国精神分析学家鲍里斯·西瑞尼克（Boris Cyrulnik）也曾写道：“回弹能力，不仅仅是挺过来，同时还是学着活下去。”[1]

关于回弹能力的最新研究是心理学的一次小小的革命，当时，大部分心理治疗师仍然认为心理治疗更多是建立在倾听患者倾诉之上，穿插或多或少的介入。几乎所有患者都这样描述他们的心理治疗：“我说，医生听着。”这种方式往往成效很小，甚至会对某些人造成恼人的结果，因为鼓励毫无顾虑地倾诉痛苦，有可能会使病人在复述不幸的同时再次陷入痛苦之中，痛苦的情绪引发消极的生活观……

西瑞尼克对回弹能力的研究独树一帜，注重强调患者的自我修复历程，向患者展现重建生活的可能性，即使深受伤害同样也有重生的机会。回弹能力至今仍有些神秘，这种能力来自内心，但外界的某些微不足道的细节又具有至关重要的作用。比如一次对话，一个微笑，适时伸出的援助之手，都会让一切恢复和谐，让内心长时间地充满希望和信心。

曾经有一位病人，父母因酗酒经常虐待毒打她，身边亲友都不知情，即使知道也只是口头安慰一下。她对我说，如果没

---

1 B. 西瑞尼克，《神奇的苦难》（*Un merveilleux malheur*），巴黎，Odile Jacob 出版社，1999 年。

有学校老师的帮助，她根本熬不过那些折磨。老师的一次次鼓励、一份份关心，让她得以承受侮辱和暴力，一句温暖的话就能够让她重获继续活下去的动力。

走出黑暗

有时候，要获得幸福，需要经历很多磨难。有些人有太多的痛苦要去忍受，去战胜。不过幸福总是有可能的。作为一名心理治疗师，我一直这么对自己说。几个月甚至几年里陪伴着严重焦虑症或抑郁症患者，直到有一天看到他们重获正常生活，意味着他们将有可能获得幸福，这对一名心理治疗师来说，同样是一种莫大的幸福！

抑郁也许不是一种绝对的不幸，但是大多数情况下，抑郁几乎算得上是最糟糕的心理疾病，抑郁症患者的整个精神世界黯淡无光，不抱任何希望。所以最终走出抑郁困境的人，他们的经验分享对患者来说最有说服力。最真实、最震撼人心的抑郁症描述，当属美国小说家威廉·斯蒂伦（William Styron）的自传体小说《看得见的黑暗》（*Face aux ténèbres*）[1]。这本书同时也传

---

1 W. 斯蒂伦，《看得见的黑暗》，巴黎，Gallimard 出版社，1990 年。

达了希望："没有必要一味地强调抑郁，抑郁不意味着思想湮没，有很多人最终走出抑郁，足以证明抑郁有可能克服，这也许是唯一使人得以救赎的途径。"

我想到一位年轻的抑郁症患者说过的一个小故事。

一天，在巴黎地铁上，一个看似不经意的时刻，让她明白自己已经开始慢慢恢复。当时她脑子里都是消极念头，一塌糊涂的生活，看不到希望的未来。这时，一对情侣坐到她对面，两人亲密地开始接吻。一切顿时变得更糟了（她刚刚和男友分手，现在孑然一身），她的悲伤陡然加剧。车一停，她马上起身下车。走出车厢的时候，一位坐在门边的年轻人看着她，对她露出了微笑。她对我说："就在这一刻，我突然间觉得很开心。而几天前，这样的眼神、这样的微笑对我来说毫无意义，或许我会觉得很下流，甚至看都不看一眼。但是现在，我感觉很好。后来我再也没有遇到过那个男生，我不知道他为什么对着我微笑。但是很奇怪，这似乎给了我一个要不顾一切活下去的理由。终于，在这个时候，我感觉我的抑郁症可以治好……"

用我一位病人的话来说，抑郁症是一种"想象的地狱"。那些走出抑郁的人，往往整个心理状态都发生了变化，一开始很脆弱，逐渐变得坚强。美国作家安德鲁·所罗门（Andrew Solomon）在回顾抑郁症经历时，描述了他痊愈的亲身体验：

“每一天，我都选择活下去，或者是出于勇敢，或者是毫无理由。这难道不是一种难得的幸福？”[1]美国作家威廉·斯蒂伦在自传的结尾描述了如何最终摆脱抑郁症，并引用了但丁《神曲》最震撼人心的《地狱篇》中的最后一句话。

但丁在古罗马诗人维吉尔的陪伴下穿越了重重地狱，目睹了人类犯下的种种无耻罪恶，见到了苦难的主宰（长着三张脸，有蝙蝠一样的翅膀，用倾盆大嘴撕咬那些罪恶的人）本人卢齐菲罗。最终，但丁和维吉尔从一条秘密的小路逃离地狱。结束这段经历时，但丁说：

“我们终于走了出来，重见满天繁星……”

1 A. 所罗门，《内心的魔鬼——抑郁症》（*Le Diable intérieur. Anatomie de la dépression*），巴黎，Albin Michel 出版社，2002 年。

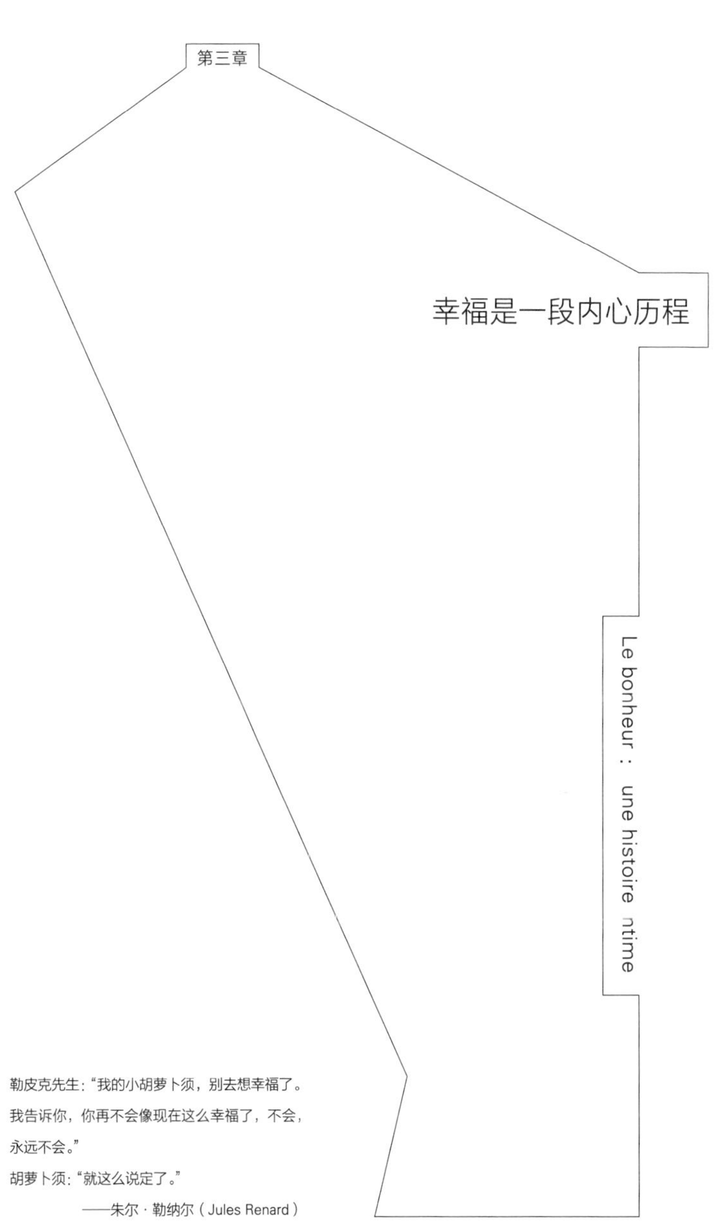

第三章

幸福是一段内心历程

Le bonheur : une histoire ntime

勒皮克先生:“我的小胡萝卜须，别去想幸福了。我告诉你，你再不会像现在这么幸福了，不会，永远不会。”

胡萝卜须:“就这么说定了。”

——朱尔·勒纳尔（Jules Renard）

该如何解释我们所看到的人与人之间幸福观的显著差距？和小时候的经历有关，或是天生的秉性？随着年龄的增长，生活的经历是否会改变幸福观？

和所有的人一样，心理治疗师也在思考这些问题，只不过比其他人想得更多。和患者的接触，让他们看到更多或成功或失败的幸福故事，每一件都触动人心。我记得有一位最终战胜了恐惧症的病人，我们叫她弗朗索瓦丝。我清楚地记得她的回忆，她的幸福观和所经历的种种苦难。

以下是根据当时的笔记整理出来的：

直到长大成人，我才意识到，我是一个幸运的人，我生来就是幸福的。从小就天天听妈妈这么说，但我没把这当一回事。其实，我的童年并不是很幸福，一岁的时候父母离异，我被寄养在奶奶家一直到三岁。奶奶对哥哥姐姐都很凶，但却很疼我。我的笑声和眼神打动了奶奶。她总是对我说："你这小家伙，真拿你没办法。"我想是我快乐的性格让她对我凶不起来，也离不开我。

不管怎么说，我曾经一直认为没必要自寻烦恼，而且觉得大家都和我一样。但是慢慢地，在跟朋友越来越多的接触交流中，尤其是参加工作后（我是名护士），我才发现，很多人经历不幸之后就很难恢复良好的状态，无法继续享受生活给予的那些美好。

我应该算是比较幸运的人，我的性格也让我更有人缘。遇见我先生是莫大的幸福，但是他的去世曾经带给我深刻的伤痛。我们非常相爱。事情发生得太突然，从他病倒到去世，只相隔两个月。就算是现在，说起那段日子，我仍然觉得很痛心。不过现在谈到我丈夫，我不会再哭泣。因为我终于可以想着我们一起度过的那些美妙时光，不再仅仅是他离开之前那几周的痛苦回忆。因为我最终认为——我只敢对你说，怕别人会觉得很震惊——现在孤身一人，没有以前那么幸福，但好过那些离婚的朋友，天天都是各种埋怨和不满。我有过深刻的爱，满满都是爱的回忆。虽然悲伤，但不苦涩。

所以，我感到继续幸福地活下去，对女儿来说也是一种小小的付出。随后渐渐地，我觉得只要活着，就没有必要让自己愁眉苦脸。如果想起我的丈夫，也不要想那些难过的事，不如回味在一起的美好……

幸福的天赋存在吗？

八岁的朱莉正在给四岁的弟弟马丁讲故事：

“第一位仙女来到摇篮前说：‘我赐给你美丽。’第二位仙女也来了，她说：‘我赐给你智慧。’然后又来了第三个仙女，马丁，你猜猜她会给什么呢？”

马丁是一个很开心的小男孩，整天乐呵呵的，总是得到爸爸妈妈的表扬，他想了一会儿回答：“她会给他……她会给他……她会让他一直心情很好！”

作为一名心理医生，我觉得第三位仙女的礼物最独特，也是大家最期待的……[1]

好心情

“她今天心情很好”“他又找到了生活的快乐”……

这是一种最直接的性情描述，也叫作情绪，是一种最基本的情感状态，是我们对周边生活的感受和反应。[2] 心情是一种不易察觉的现象，至少经常被当事人忽略（往往是身边人比我们自己更能感受到我们的心情变化）。心情是精神世界的一块

1 本书第 291 页有一份调查表，测试你是否拥有幸福情绪的天赋。

2 R.E. 塞耶（R.E.Thayer），《每日心情的缘由》（*The Origin of Everyday Moods*），牛津，牛津大学出版社，1996 年。

背景板。我们经常把它比作戴着有色眼镜看世界：世界本身没有变化，是我们当下的心境改变了我们的看法，或暖色调或冷色调，或阴暗或明亮。

只是心理学比光学复杂多了，不像有色眼镜那么简单，心情从来不是中性的[1]，总是或者积极或者消极。

心情经常没来由地说变就变（美国人说 out of blue，出乎意料），深刻影响我们的世界观和行为方式。心情好的时候，整个世界都是“玫瑰人生”，心情不好的时候，那些开心的、让人感动的小快乐都看不见了。情绪不对的时候，对别人没有耐心，容忍度差，情绪对的时候就变得宽宏大量了。因为心情很少会走极端，和情感不一样，所以往往人们都不在意，大家都觉得世界观主要是个人的理性判断，实际上却与心情息息相关。

心情不会一成不变，可能像气温一样从上午到晚上会有剧烈的变化，会受到一些微不足道的小事的影响。研究表明，天气预报[2]或者是喜爱的足球队的赛事[3]都会影响到当下的心情。

---

1 D. 沃森（D.Watson），《量化心境：结构模型》（“Measuring mood：A structural model”），《情绪与气质》（*Mood and Temperament*），纽约，Guilford 出版社，2000 年，31—61 页。

2 N. 施瓦茨、G.L. 克洛尔（N.Schwarz et G.L.Clore），《情绪，错误认定和幸福的判断：情感状态的信息和指令功能》（“Mood, misattribution and judgments of well-being：Informative and directive functions of affective states”），《人格与社会心理学》杂志（*Journal of Personality and Social Psychology*），1983 年 45 期，513—523 页。

3 N. 施瓦茨（N.Schwarz）等人，《足球、房间以及生活质量：情绪对普通生活或特定方面的生活满意度评判的影响》（“Soccer, rooms and the quality of your life：Mood effects on judgments of satisfaction with life in general and with specific domains”），《欧洲社会心理学》杂志（*European Journal of Social Psychology*），1987 年 17 期，68—79 页。

不过，每个人心情的起伏变化都比较固定（围绕某个“基点”波动）。[1]有关情绪动荡变化最全面的一份研究，曾经记录了459位受访者至少35个连续天数里的全天精神状态变化。[2]观察期间，受访者每天准确地记录情绪变化，虽然每天都可能会有意想不到的事情发生，不论当事人处于积极或消极状态，大部分人的情绪基本保持稳定。从第四天或第五天开始就可以看出每个人的脾气秉性，时间越长越明确。当然，有些人的情绪波动更显著（英国人说这种人喜怒无常），但还是有一个基准点，情绪波动保持在一定范围内。下文谈及脾气时，我们将会进一步探讨这一现象。

关于天气对心情的影响，和研究者的预想大相径庭，一份最严谨的研究指出，从长期来看，下雨或天晴对我们的脾气几乎没有影响，气候宜人，阳光普照，对心情的影响也微乎其微。[3]貌似和我们所看到的不一样？而且人们通常会说，这个人像“月亮的脸变化不定”，或是这个人“很阳光”？也许的确如此，但是科学家的研究并不是为了证明显而易见的事。就算蓝天白云的好日子会让你觉得更开心，但是也驱赶不了你内

---

1 E. 迪纳，R.J. 拉森（E.Diener,R.J.Larsen），《情感、行为和认知反应的暂时性和跨情境稳定性》（“Temporal stability and cross-situationalconsistency of affective, behavioral and cognitive responses”），《人格与社会心理学》杂志，1984年47期，871—883页。

2 D. 沃森（D.Watson），《情感的性情基础》（“The dispositional basis of affect”），《情绪与气质》，纽约，Guilford出版社，2000年，144—173页。

3 L.A.克拉克（L.A.Clark），D.沃森，《情绪与世俗生活：日常生活与自我报告情绪》（“Mood and the mundane：Relations between daily life and self-reported mood”），《人格与社会心理学》杂志，1988年54期，296—308页。

心的小恶魔。即使生活在热带地区，也免不了心情郁闷……

那么，为什么人们还会这么说呢？也许是因为大部分人都觉得天气和心情有必然联系，总是记得阳光灿烂、神清气爽的日子，或者忧伤的雨夜；记不住或者不愿去想那些不一样的日子，比如心情郁闷的大晴天，或是兴高采烈的下雨天。

如果没有个人因素，我们的情绪通常会保持在一个稳定的水平。连续几年的研究观察表明(对有些受访者跟踪长达九年)，一个人的主观感受通常比较稳定，[1]不管生活中发生了什么事件（不论是稳定还是动荡的生活环境）。所以，我们需要了解更全面的原因，也就是我们所说的脾气秉性……

性格开朗

“他性格开朗”“她的脾气很好，乐呵呵的”……脾气指一个人面对日常生活琐事时的惯常表现，某些情感或情绪更外露，有些则难以察觉。[2]这种“基本情感”对心理学家来说，可以分为偏消极或偏积极两种。有些人的性情倾向于接受快乐的事，有些人则更容易伤感，至少在那些日常琐事方面是这样，并不

1 P.T. 科斯塔（P.T.Costa）等人，《环境和性格对幸福感的影响：一份长期跟踪的美国病例》（“Environmental and dispositional influences on well-being：Longitudinal follow-up of an American national sample”），《英国心理学》杂志（*British Journal of Psychology*），1987 年 78 期，299—306 页。

2 D. 沃森，《情绪与气质》（*Mood and Temperament*），同前，144—173 页。

是特殊事件。

在日常生活中，脾气秉性通过我们的心情流露出来。脾气和心情息息相关，我们可以用气象来比喻：心情就像天气，变化不定（同一天或几天里有可能下雨，随即又出太阳），脾气则像气候（温带或热带，地中海气候或大陆气候……）。

作为心理治疗师，我们尤其对某些容易引发心理疾病的脾气感兴趣，比如神经质，容易焦虑或消沉。[1]这种性情的人，通常会有一些迹象，比如面对压力过分紧张，负面情绪居多（焦虑，敌对情绪，忧伤……），情绪不稳（喜怒无常）。高度神经质的人会因为生活中微不足道的小事而加剧负面情绪，实验室里可以模拟这种现象。[2]比如一部伤感的电影，会让他们长时间深深地沉浸其中（还有可能反复纠结自己生活中的那些不快乐），而积极开心的喜剧却难以让他们情绪好起来。神经质的人一天的情绪像周期一样变化，人们往往会看到，一天下来，负能量又增加了。[3]

1　H.J. 艾森克（H.J.Eysenck），《个性的生物学基础》（*The Biological Basis of Personality*），Springfield，1967 年。

2　W. 冯 · 德 · 杜斯（W.Van Der Does），《不同类型的实验性悲伤情绪诱导》（“Differents types of experimentally induced sad mood”），《认知行为疗法》杂志（*Behavior Therapy*），2002 年 33 期，551—561 页。

3　C.L. 洛斯汀，R.J. 拉森，《不愉快情绪的昼夜变化：神经质、抑郁与焦虑》（“Diurnal patterns of unpleasant mood：Associations with neuroticism, depression and anxiety”），《人格》杂志（*Journal of Personality*），1998 年 66 期，87—103 页。

脾气秉性可以改变吗？

如果说脾气秉性相对稳定，是否意味着对那些不够幸运、天生性情不好或生活环境不好的人来说，幸福的大门已经关上？

显然，某些气质的人需要付出更多的努力，更频繁地稳定情绪。不过，根据心理治疗师们的经验，其实很多人都不是“天生懂得体会幸福”，而是一点点学会提高情商，缩短“幸福起跑线的差距”。同时，总是需要通过自我协调（个人努力或是心理治疗）来改善心性。

不管怎样，行动起来，让自己更幸福，才是实实在在的：

- 明白生活并非“命中注定”（或者更直接地说，其实不存在“命运”）；
- 意识到幸福需要亲手去创造；
- 懂得如何去做；
- 最关键的就是——行动起来！

父母可以教会孩子如何获得幸福？

你们可以努力去模仿孩子，
却不能使他们来像你们。

——纪伯伦

幸福与神经元

关于幸福和自在生活的神经心理学研究不胜枚举。比如前额叶皮层，会记录生活事件赋予的或乐观或消极的情感价值。[1] 我们知道，左右脑半球对与幸福有关的情感具有不同的作用，右侧脑半球损伤往往会引起平和或者积极的情绪；相反，左侧脑半球损伤则会产生消极情绪。[2] 研究人员观察到，开心的人左侧脑半球活动比右侧更活跃，忧伤的人则右侧脑半球活动更剧烈。目前没有更多的有效的应用手段，最让人激动的莫过于借助脑成像技术，客观地跟踪患者在治疗期的进展，不论是采用药物治疗 [3] 或是心理治疗 [4]，而心理治疗本身可以引起大脑生理变化……

---

1 R. 德 · 博勒佩尔（R. De. Beaurepaire），《剖析幸福与不幸》（“Anatomies discrètes du bonheur et du malheur”），《抑郁症》（*Dépression*），2000 年 18 期，51—53 页。

2 A.J. 托马肯，A.D. 基纳（A. J. Tomarken,A. D. Keener），《额叶脑不对称与抑郁：论自我监管》（“Frontal brain asymmetry and depression：A self-regulatory perspective”），《认知与情绪》，1998 年 12 期，387—420 页。

3 A.F. 路希特（A. F. Leuchter）等人，《安慰剂治疗期的抑郁症患者的大脑作用变化》（“Changes in brain function of depressed patients during treatment with placebo”），《美国精神病学》杂志（*American Journal of Psychiatry*），2002 年 159 期，122—129 页。

4 A.L. 布罗迪（A. L. Brody）等人，《采用帕罗西汀或人际心理治疗的严重抑郁症患者的局部脑葡萄糖代谢变化》（“Regional brain metabolic changes in patients with major depression treated with either paroxetine or interpersonal therapy”），《普通精神病学档案》（*Archives of General Psychiatry*），2001 年 56 期，631—640 页。

加布丽埃勒

我尝试着和孩子们一起度过美好的时光。我觉得，作为一个母亲，我的责任之一就是要给他们留下美好幸福的回忆。有了幸福的童年，长大之后，他们也能懂得幸福。在我看来，这比文凭学历、雄心壮志更重要……

父母能为孩子的幸福做些什么？

自蒙昧时代以来，首先是母亲随后是父亲一直操心下一代，只不过这种操心随着时代有所不同：起初是担心孩子长不高（史前时代一直到 19 世纪），后来担心孩子事业无成（从 20 世纪开始，至少西方是这样），再后来又担心他们不幸福（21 世纪）。但自古以来，父母全都宣称“听我的话，我是为你好”。

应该说，有三种为孩子们打开幸福道路的方式：

· 父母之爱永无止境，首先当然必须爱孩子；

· 孩子会观察我们的一言一行（一直在观察），我们需要为孩子树立幸福的好榜样，向他们指出幸福道路的方向；

· 孩子会听我们的话（偶尔听），必须严肃地看待幸福，和孩子们探讨幸福，回答孩子们的问题。

关于这几点，让我们分别展开探讨……

父母的爱对孩子的幸福有帮助吗?

芭芭拉

曾经有一位女病人，她的童年很痛苦，缺乏爱，她对我说："我羡慕那些童年充满爱的人，他们有着平和的心态。我一眼就能认出这些人：他们总是对生活充满信心，信任别人。他们不担心自己不被人接受或者没人爱。一旦幸福出现，他们就会抓住，好好享受。而我，和那些没有得到足够爱的人一样，如果没有足够的表示，即使被人爱着，我也不认为是这么回事。生活给予我一点点小幸福，我马上会害怕失去它。我的根基太脆弱，感觉努力建造起来的一切随时会坍塌。至今我仍在责怪我的父母，我觉得他们算不上是真正的父母，只不过是两个有孩子的大人，这完全不是一回事。他们从来不和我们谈论幸福，不论是我哥哥还是我……"

这位病人最终得以创造稳定、有保障的幸福，因为这之前她历经了很长的心理治疗，重新打造了自己的世界观。

幸福的童年让人相信自己值得去争取幸福，有权利获得幸福。父母的爱是最坚实的幸福调和剂。童年缺失（缺乏足够的爱）、不懂得爱（缺乏爱的表示）都会让幸福变得脆弱，不堪一击：不习惯爱，整天担惊受怕，甚至会觉得没有幸福的权利，产生一些自我毁灭的态度和习惯（毫无理由地与爱人决断）。

父母如何展示他们与幸福的关系？

孩子看着父母的一举一动，
学到了更多。

——皮埃尔·德里厄·拉罗谢尔
（Pierre Drieu la Rochelle）

孩子看着父母为了幸福努力拼搏，形成了自己的想法。生活中更多的是日常琐事，并非天天都有大事发生，孩子们观察我们对日常琐事的处理（比如周末傍晚遇到堵车），而对这些事的当下反应，我们几乎从不在意，只有遇到大事（如祖母去世），我们才会格外注意表现，知道“孩子们都在看着”……

作为父母，我们可以问问自己两个重要的问题：“当一切顺利的时候，我们是怎么做、怎么说的？”“当遇到问题的时候，我们又是怎么做、怎么说的？”

“当一切顺利的时候，我们是怎么做、怎么说的？”

当幸福来临时，我们是否能够知道，并享受幸福，加强幸福的感受？或是无视幸福，漠不理会？更糟糕的是特意隐藏幸福，完全无视它，这是否因为我们觉得烦恼更让人操心？

有些父母和孩子在一起的时候，如周末、假期、用餐或家庭聚会时，会自如地通过语言和行为来表达快乐，孩子能够很容易地感受到快乐（唱歌、开玩笑……）。有些父母则几乎不会表露开心，总是一副严肃的大人模样，一到周末就想着马上要结束了，觉得下馆子吃饭很贵，诸如此类。这样的父母不懂得享受当下。当然，日后他们也能回忆起美好时刻，只是在那一刻，他们只顾着因为服务员慢吞吞而生气，不是心平气和地享受全家聚餐……

“当遇到问题的时候，我们是怎么做、怎么说的？”

生活中遇到烦人的事，我们是怎么做的？能否轻松应对，甚至还会开玩笑？面对苦难和不公，是否所有人都必须态度严肃，深感悲痛？

伊莎贝尔

很奇怪，我一直记得小时候的一件事：在全家去度假的路上，车子刚开出没多远就没油了。爸爸一直很粗心，从来不注意油量表。这本来有可能变得更糟，也许我爸妈就是这么想的，炎热的夏天，尾气冲天的堵车，一堆孩子在车子后座吵吵闹闹。但是爸爸妈妈依旧满脸笑容（我觉得妈妈有点勉强，爸爸则发自内心），马上商量解决办法，根本没有争吵。抢修人员提着油桶来的时候，我们欢呼雀跃，不一会儿就唱着歌儿再次启程了。就像爸爸说的，我们不过浪费了两小时的假期。我想正是因为从小就有很多类似的小事件，所以后来遇到意外或烦恼我都不会手足无措。

父母的言行对孩子幸福观的影响

为幸福欢欣鼓舞： 经常看到父母这么做……	幸福很复杂： 经常看到父母这么做……
快乐，放松， 享受当下的开心时刻	显得忧心忡忡，总是很忙， 没时间玩，没时间享受快乐
明确地说出大家一起 享受当下的快乐	从不表达快乐， 开心的时候也流露出负面情绪，说些丧气话（“开心不了多久了”……）
遇到烦心事， 微笑，放松，来点儿幽默	遇到日常的烦心事，更加烦躁， 一切顺利的时候也不会享受生活
和孩子们一起回忆快乐的事	从来不谈幸福，总是说些打击积极性的话（“赶紧享受，马上你就知道是你想得太好了……”）

关于幸福，父母教了孩子什么？

第一章提及的幸福的四种体验——情境、情绪、构建和幸福观，父母是否能够帮助孩子去体验呢？

- 情境：投入所需的财力物力，为孩子创造快乐时光。
- 情绪：教孩子享受快乐时光（言传身教）。
- 构建：帮助孩子成为幸福的创造者，寻找并制造快乐，为人处世通情达理。

• 幸福观：和孩子谈论对幸福的理解，有追求幸福的信心。

在日常生活中，父母的一言一行清楚地表明了他们心目中的重点，虽然有些是无意识的。遵纪守法，按部就班，努力赚钱，还是开心幸福？

当然，这些下意识的生活计划很显然与时代和所处的社会环境息息相关。小说家安妮·埃尔诺（Annie Ernaux）的好几部作品都写到了缺乏快乐的悲惨童年。《广场》（*La Place*）[1] 是一部相当感人的小说，主角是一位从未亲历过幸福的父亲。安妮在书中描绘了生活在战后偏远小镇的父母——一对贫穷的小商贩，他们是被时代牺牲的一代（“他们的存在只不过证明了：我属于这个将我忽视的世界”），他们竭力不让下一代经历物质匮乏的苦痛，努力让下一代摆脱贫穷（“小家伙什么都不能缺”）。安妮·埃尔诺描写这对父母放弃了太多的幸福和快乐（“这已经够幸福的了”），他们努力让自己知足（“还有比我们更不幸的人”）。安妮尝试去理解这位父亲和他的世界观，在书中她写道，父亲“唯一保留的是回忆”，是关于两个孩子的环法自行车赛的记忆。安妮提到很重要的一句话：“学着知足常乐。”这位父亲被诊断出患有重病之后，终于决定“稍微享受一下生活”了，但其实离真正的享乐还差很远……

1 A. 埃尔诺，《广场》，巴黎，Gallimard 出版社，1983 年。

幸福与岁月

在生命的不同阶段，幸福是否一样？不同年纪所感受到的幸福又是怎样的？随着岁月的流逝，幸福有何变化？又应如何一点一滴地营造幸福？

童年拥有最纯粹的幸福吗？

童年时代的幸福是想说就说、手舞足蹈、兴高采烈、欢声笑语……儿童天生懂得享受幸福，日常生活里那些对大人们毫无意义的小事都能让他们很快乐，比如看到下班后回到家的爸爸妈妈就特别开心（大人已经失去了这份激情，问问自己，还记得上一次看到老公 / 老婆欢欣雀跃是什么时候吗？）

大部分孩子比大人更快乐，很显然是因为他们有能力活在当下。作家拉布吕耶尔（La Bruyère）写道："孩子们无忧无虑，眼前的快乐就能很开心，大人往往做不到这一点。"这种能力与幸福的感知力息息相关。

看着眼前嬉笑开心的孩子，回忆童年往事，也是大人的一种快乐（对没当过父母的人来说或许是一种遗憾）。

的确，从很多方面看，童年是幸福的聚宝盆。不只是因为童年载满幸福的回忆，让我们遭遇挫折时得以寻求心理慰藉，而且幸福的童年可以培养日后对幸福的感知力，有能力分辨幸福的真伪。

桑德里娜

我的童年还算幸福，最直接的影响就是让我更加懂得何为幸福。因为曾经被爱过，知道被爱的感觉，在后来的几段情感经历中我知道哪些会顺利，哪些会遇到困难。但我还是会犯错，也会直觉感很强地意识到事情并非如想象的那样。不过，相比其他女友，我没有那么难过，遇到情感问题也更能泰然应对……

不过，也有一些孩子总是很忧郁消沉，不懂得如何感受快乐。儒勒·凡尔纳的杰作《胡萝卜须》（*Poil de Carotte*）是震撼人心的例子（书中多处均是作者亲身经历）。小主人公胡萝卜须是一个缺乏爱的小孩，不懂得快乐。这个红头发的男孩，受到脾气恶劣的妈妈的百般刁难，以至于他认为：“不是所有的人都有机会当孤儿的。”

大家永远都认为“幸福属于那些更接近于本源、更纯真、更朴实、更无邪的人”，[1] 想象中的童年拥有纯洁无瑕的幸福，这种想法其实偏激了。孩子也和大人一样，会经历苦难、焦虑

1 L. 普里奥雷夫（L.Prioreff），《幸福》（*Le Bonheur*），巴黎，Maisonneuve et Larose 出版社，2000 年，222 页。

和不幸……那么对于幸福的童年典范来说，到底哪些是真实的，哪些是虚幻的？

首先，童年无疑是一种理想化幸福的对象，被称为“幸福基石”。很多人把童年视为唯一的幸福，这是错误的，因为童年的幸福完全不同于成年人的幸福，儿童感到幸福往往是无意识的，也并非刻意的，成年人正好相反。当然，“童年乃人类之父”[伍兹·沃思（Woods worth）语]，但是，在不由自主地把童年作为理解幸福、追求幸福的典范之前，仍需谨慎。

童年在何时结束？从什么时候开始，童年的幸福戛然而止，或者说不同于以往了？

每当看到女儿渐渐长大，童年的印记逐渐模糊，大孩子的样子开始展现时，我总会感到难过。比如，当孩子们不再碎步小跑的时候，他们就长大了。碎步小跑，不是因为赶时间，是因为开心。大孩子不再碎步小跑，他们或者走，或者跑，像大人一样。还有家长为之欣喜若狂的阅读，当孩子沉浸在阅读中，那就意味着童年的游戏玩乐渐渐远离。他们还留着玩具，但其实未来很多年里，他们都不会再玩了。感受到这些时刻所意味的一切，让人感伤，又妙不可言。当然，还有那些不再相信的小信仰、小老鼠、圣诞老人。孩子们仍然努力着去相信，或者装作相信，似乎他们本能地感觉到快乐正在远离。童年幸福的消逝，显然是忧伤、幸福或不幸思绪的来源……

作家阿兰·雷蒙（Alain Rémond）的一部自传体小说用大篇

幅描述幸福的童年，他讲到一个小故事：“一天，一个年龄相仿的朋友来家里做客，看到我正在同玛德莱娜和贝尔纳做游戏，他非常惊讶，很不屑地说：‘你都这把年纪了，还玩游戏？’没错，我还在玩游戏。我发自内心地抱怨他竟然忘记了如何玩耍。是的，当我们跨过了那个槛，越过了童年的界线，就再也回不去了。”[1]

青春期幸福吗？谁能说得清……

菲利普·德莱姆讲述毕业班那年，哲学老师在课上提了一个问题：“你们幸福吗？”几乎所有的人都回答“不幸福”，搞得老师有点儿措手不及，于是他开始“费劲地劝说，像生活大师那样苦口婆心，但我们根本听不进去……幸福这个词有点儿沉重，接近圆满境界”。

如果问青春期的少年关于幸福的问题，他们通常不关心：“那是上了年纪才想的事……”他们更关心带劲的、完美的、有结果的事，而且他们不轻易放弃，尤其是快乐的事。

剧作家让·阿努伊（Jean Anouilh）笔下的美丽少女安提戈涅[2]，就是一个怀疑幸福的典型。下文是少女正在和舅舅克雷翁

---

1 A. 雷蒙（A. Rémond），《每日都可能是末日》（*Chaque jour est un adieu*），巴黎，Seuil 出版社，2000 年。

2 J. 阿努伊（J. Anouilh），《安提戈涅》（*Antigone*），巴黎，La Table ronde 出版社，1946 年。

抱怨：

安提戈涅："幸福啊……"

克雷翁："很难说，对吧？"

安提戈涅："我的幸福在哪儿呢？我会变成什么样的幸福女人？还要经历多少磨难才能抓住那点儿幸福？告诉我，我该对谁撒谎，对谁微笑，又该委身于谁？谁可以让我转身不顾，无须怜惜他的死活？"

克雷翁："你疯了！快别说了……"

安提戈涅："我没疯，我还要说，我想知道怎样才能幸福……"

……

安提戈涅："您的那些幸福让人恶心！要逼着自己去爱才能接受您这样的生活。就像是看到什么都舔的狗！不夸张地说，每天都在乞求那一点点小机会。而我，我要的是全部，马上就要，必须是全部的幸福，否则宁缺毋滥！我才不要委屈自己，才不要乖乖地接受那一点点幸福。今天就要确定一切，而且必须是像小时候那样美丽的幸福，否则我宁可死去！"

克雷翁："既然如此，那就去做吧，去吧，去吧，像你父亲那样……"

读者们，别忘了安提戈涅是俄狄浦斯和母亲约卡斯塔的女儿，她一辈子都没有找到幸福，最终以悲剧收场。

所以，青春既不懂得和关心幸福，也没有能力去领悟其中的道理。不过青春时代的我们切切实实地抗拒，不让快乐远离……

那么，青春时代何时结束，又是如何纠结幸福问题的？有些人从来不纠结……有些人只在提起的时候才纠结……也就是说，他们不会一味地思考“我是谁”，而是更在乎“我这样的人会做什么”？

大人的幸福，是成熟还是庸俗？

埃迪特

我是什么时候长大的？我不知道。我觉得我还在长大，成长的过程还没有完全结束！应该是从30岁开始，当我开始有所建树，为家庭生活和职业生活打下一定基础的时候。渐渐地，我从基本需求转向更深层的需求，不再追求刺激，而是寻求宁静，不再整天高声尖叫，而是学会低声细语。总之，不再一味自恋，开始有了自知之明……

只有到了成年，才会思考幸福的大问题：爱上幸福，还是别把幸福当一回事？等待幸福，还是去创造幸福？是不是当我们开始思考这个问题时，我们就长大了，尤其是当我们意识到幸福原则上取决于我们自己的时候？第一次经历重大失败或是希望破灭之后，第一次意识到人生成功所付出的代价的时候，或是着手打造家庭、社会和职业生活的基础的时候？不论是哪一种，人生中的某一天，关于幸福的疑问就这样突然间冒了出来……

尤其是关于如何创造幸福的疑问。我们厌倦了追着幸福跑，或者茫然地等待幸福，我们想要抓住幸福，掌控幸福。只是这种培育出来的幸福，是否和不期而遇的幸福一样令人心满意足？这是问题所在……对成人来说，面对幸福最大的问题就是如何区分幸福和舒服。关键在于如何能够感受自然而发的幸福，同时又能营造其他幸福体验？正因为可以这样拥有不同的幸福体验，才称得上是大人的幸福。

成为大人之后，我们才明白，幸福生活的各种规划不能高估，也无法低估。幸福取决于每一个人的信念。同时要意识到每个人既有强项，又有弱点。

莱拉

我很在乎幸福，因为我的童年不快乐，没有人教我如何幸福，我以为幸福不是我的天性。对于快乐，我近乎迟钝。我必须学着让自己快乐，从20岁到40岁，我从失望变得焦虑，从焦虑变得不满，从不满变成郁郁寡欢……如今我已经40岁，我知道幸福能让我变得更好，我希望通过努力不断地培养幸福……

可以有幸福的晚年吗?

现代社会(西方社会)拥有越来越多的“年轻态老人”,生活相对舒适,身体健康。尤其是新一代老人有要求幸福的权利,而在以前,年老意味着放弃。也许正是在人生的这个阶段,才最为强烈地感受到需要幸福。人到晚年,真正深感遗憾的是什么?是否后悔为自己和亲人的幸福做得不够?早知如此,何不及早努力呢?

修道院里的幸福:只要幸福就能过得更好?

不久前有一项很有意思的心理学研究,研究对象是美国 180 位修女。这些修女进入修道院时平均年龄为 22 岁,入院时应主管嬷嬷的要求,她们每人都会写一篇自我介绍。60 年后,通过研究这些 60 年前的自我介绍,研究者们发现,那些在自我介绍中展现出积极正面的幸福观的修女(正面表达和正面词语的使用数量、积极情绪的表述次数多),明显比其他修女的寿命更长。[1]

1 D.D. 丹纳(D.D.Danner)等人,《早期正面情绪与长寿:修女项目研究成果》(“Positive emotions in early life and longevity : Findings from the nun study”),《人格与社会心理学》杂志,2001 年 480 期,804—813 页。

众所周知，年龄是一把杀猪刀，念旧、辛酸、妥协、退却，留给幸福的空间只剩下一点点。虽然人们总说年龄没什么大不了，有些明星一边口是心非地在杂志上说青春可以永驻，一边悄悄地定期去整容。

是的，年老是一种衰退。作家孔特－斯蓬维尔一针见血地说道：“我从来不相信年龄会带来好处……更加深谙世事，更加成熟，或是更为渊博？与其说是年龄，不如说是生命的馈赠，而生命无关年龄……生命是一种财富。时光是一种财富。变老无关财富，唯有时光值得珍惜，岁月不等人……”[1]当然，也有很多人证明即使岁月流逝，幸福依然留存。作家弗朗索瓦·努里西耶（François Nourissier）在一次医学杂志的采访中，当记者问及他的帕金森症时，他淡淡地回答说：“持久的幸福是实实在在的，看得见，摸得着。”[2]

如何解释即使日渐年老色衰，依然可以幸福，甚至更加快乐？因为生活历练往往使人变得智慧，脾性日渐平和……

很多研究表明，随着年纪的增长，人的情绪更加稳定（情绪起伏越来越少），会有更多正面积极的情绪。

另外，有阅历的人不会重蹈覆辙。一些年长者会毫不犹豫地投入很多新活动，再次拥有年轻的心态：“年轻人就是不管在

1 A. 孔特－斯蓬维尔，《哲学辞典》，巴黎，PUF 出版社，2000 年，621 页。
2 《医学碰撞》（*Impact Médecine*），14 期，2002 年 10 月 31 日，6—8 页。

哪里，都有更广阔的未来，至少原则上比过去拥有更多的希望。”[1] 医学教授让·贝尔纳（Jean Bernard）则说：“既然无法再为生活争取更多时光，那么就为余下的时光争取更多的生活。”

这句洋溢着活力的表述，无论在哪个年龄段，显然都是通往幸福的关键……

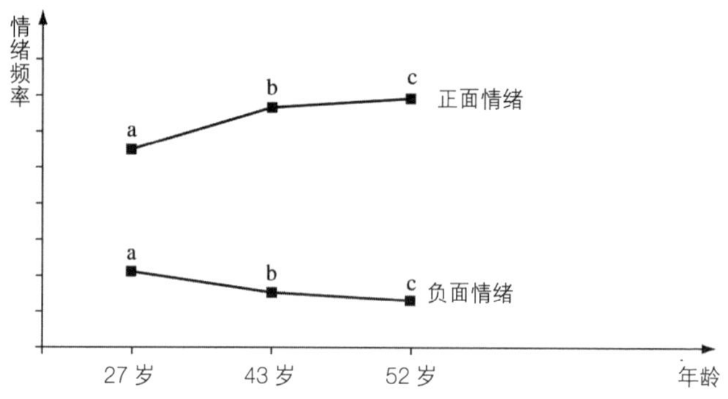

注：正面情绪与负面情绪的平均值随着年龄的变化而变化（跟踪80位女性的研究结果）。[2]

1 A. 孔特－斯蓬维尔，《哲学辞典》，巴黎，PUF出版社，2000年，322页。

2 R. 赫尔森、E. C. 洛登（R.Helson,E.C.Lohnen），《少年早期到中年时期受个性影响的情绪研究》（“Affective coloring of personality from young adulthood to midlife”），《人格与社会心理学通报》（*Personality and Social Psychology Bulletin*），1998年24期，241—252页。

第二部分

理解幸福，捍卫幸福

很抱歉，本书的作者也尚未找到幸福（但会向各位解释如何找寻幸福）。作者本人只是一位心理治疗医生，他的工作就是帮助患者更加有效地发现快乐。

所以，本书的第二部分将回答如下问题：什么是寻找幸福的方向？科学、哲学和宗教能否切切实实地帮到我们？

对我们每一个人来说，幸福都是重要的话题。如何看待幸福，人们各有各的想法。有时，幸福是一个恼人的话题。相信幸福的人和不相信幸福的人在一起探讨，绝对是一场激烈而没有结论的争辩。

若想更深入地谈论幸福，关于幸福的历史和社会研究，有哪些需要知晓？又该如何反驳？

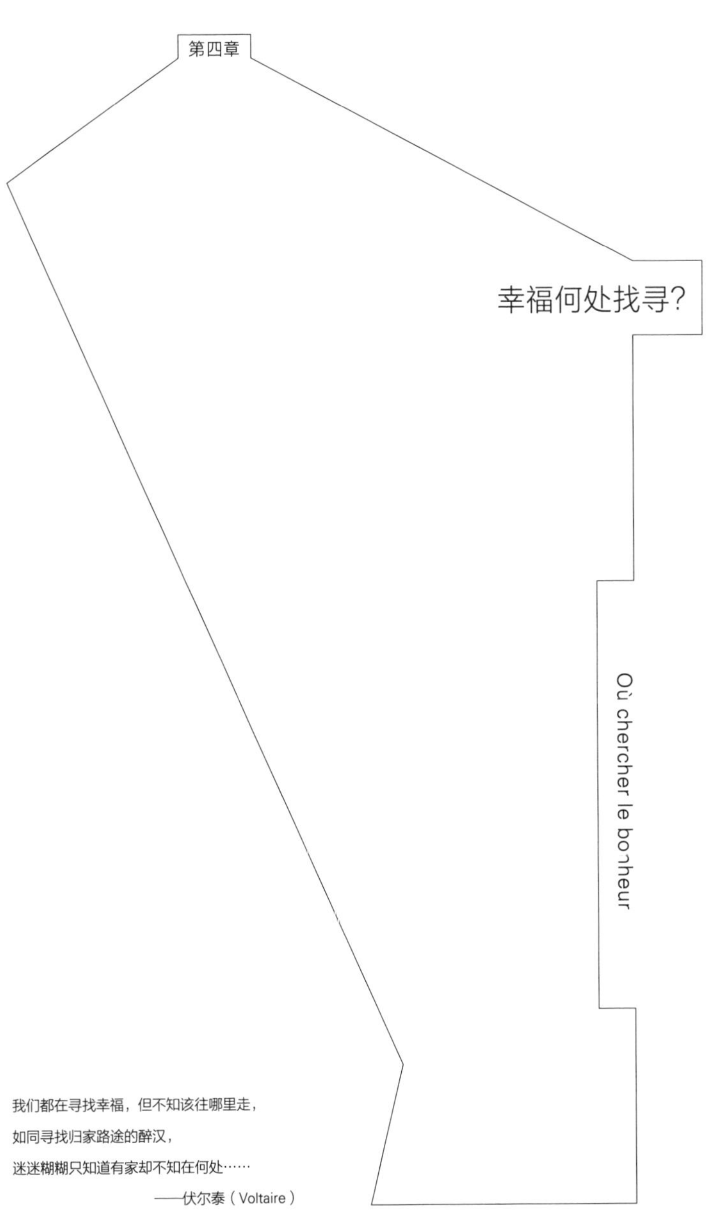

第四章

幸福何处找寻？

Où chercher le bonheur

我们都在寻找幸福，但不知该往哪里走，

如同寻找归家路途的醉汉，

迷迷糊糊只知道有家却不知在何处……

——伏尔泰（Voltaire）

幸福的配方到底是什么……

有一些比较实用的东西可以借鉴，如罗马铭辞作家马提雅尔（Martial）所说："一小笔遗产，一块肥沃的田地，和睦的家庭，健康的身体，香甜的睡眠……"有些人好美食，比如让－雅克·卢梭说过："幸福，就是银行有存款，家里有个好厨娘，喝得好吃得香。"还有一些清单，比如这份来自哲学家叔本华的："其一，要有乐观的性格，好脾气……其二，当然还需要好身体……其三，平和的心态……其四，良好的外部条件，但只需要一点点……"[1] 也有人对幸福不抱希望，如波舒哀（Bossuet）神父："人类的幸福需要太多东西，往往都得不到。"还有一些说法因为作者本人的公正性而遭到质疑，比如福楼拜的这句名

1 A. 叔本华，《幸福的艺术》（*L'Art d'être heureux*），巴黎，Seuil 出版社，2001 年，第 29 页。

言："愚蠢、自私、身体好，这就是幸福生活的三要素。"

时至今日，我们真的知道幸福如何组成吗？不论是哲学家的思考，还是科学家的研究，到底有何成就？让我们纵观一下关于幸福这个永恒的课题，人类获得了哪些学识和观念……

允诺与技巧：定制的幸福

幸福美好，转瞬即逝……如果我们不知道去哪里寻找幸福，总会有商人上门推荐或推销幸福法。这些方法让人满意吗？金钱、物质财富和毒药，对幸福的遐想是否有帮助？答案看似冠冕堂皇："毫无用处！幸福是买不来，引诱不了的。"真的是这样吗？

金钱能买来幸福？

俗话说，金钱买不到幸福。随后又会加上一句，"但是幸福需要金钱"。科学家们曾经研究过这个问题：其实，金钱可以提升穷人的幸福感，直到某一程度，成为"平台效应"（参考下页曲线图）。贫穷使幸福障碍重重，幸福似乎也有起步价，基准线以下的生活将无比艰难。有钱不意味着幸福，但是没钱往往阻挠了幸福。不过，满足门槛条件之后，物质条件的增强对个人主观情感的作用则非常有限。

一些有趣的研究指出，20 世纪 60 年代到 90 年代的美国人生活收入大幅提高，但没有带来幸福感提升。[1] 通过对大量受访者长达十年的跟踪记录，研究者发现，个人财富的多寡变化，不论增长或减少，都不会实质影响个人的主观幸福感。[2] 作家让 · 端木松（Jean d'Ormesson）幽默地说："穷人们想错了，钱不能给富人们带来幸福。不过富人们也不知道，钱却能让穷人们幸福。"

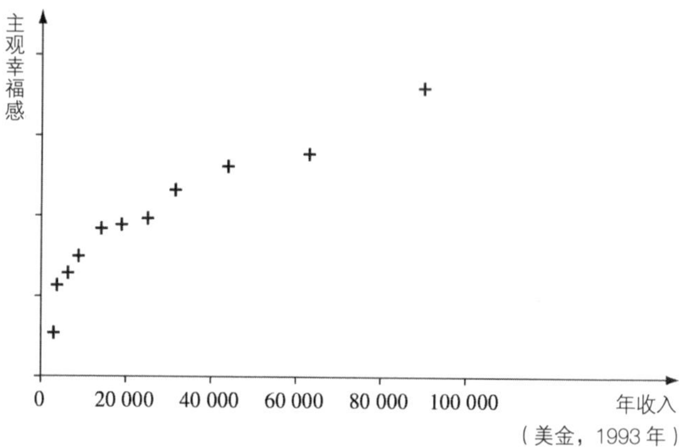

注：在收入基本线之上，收入与主观幸福感的变化呈稳定关系。[3]

---

1 J. 勒孔特（J.Lecomte），《舒适生活探讨》（"Le bien-être au quotidien"），《人类学》杂志（*Sciences humaines*），1997 年 75 期，26—29 页。

2 E. 迪纳等人，《收入与主观幸福感的关系：相对关系或绝对关系？》（"The relationship between income and subjective well-being：Relative or absolute？"），《社会指标研究》（*Social Indicators Research*），1993 年 28 期，195—223 页。

3 E. 迪纳等人，同上。

人们经常会问到另外一个问题：太有钱反而招致不幸？如果真是如此，图中的收入与幸福感的关系曲线走势应该呈下降趋势。不过数据显示并非如此（真是这样吗？）。某些研究甚至表明，极度富有的人可以获得额外的幸福……正因为如此，让·雷纳很瞧不起有钱人，他说："要是钱买不来幸福，那就把钱给我吧！"研究者需要很谨慎地使用这些研究数据，毕竟研究对象的人数极其有限。

不过，拥有金钱所带来的满足感会影响幸福感。[1] 如编辑贝尔纳·格拉塞（Bernard Grasset）所说："幸福并非是拥有金钱，而是享受支配金钱的权利。"我们知道，富有的方式有两种：要么金银满钵，要么清心寡欲。

20 世纪 30 年代，当作家约瑟夫·德尔泰伊（Joseph Delteil）在文学界日渐声名大噪的时候，他选择离开巴黎，隐居在蒙佩利埃郊区一座位于灌木丛生的石灰质荒地中的废弃房子里。他和妻子生活清苦，如同苦行僧，但他却是最幸福的人之一。他的摄影集《德尔泰伊的幸福》展示了隐居生活的点点滴滴，打着补丁的天鹅绒外套，摆满各种回收物或旧物的书桌，杂乱无章，却洋溢着快乐。老屋、爱情、美食、大自然的景致，约瑟夫·德尔泰伊这位天才小说家完全沉浸在幸福生活中，别无他求。[2]

---

1 A. 坎贝尔（A.Campbell），《美国人的幸福感》（*The Sense of Well-Being in America*），纽约，McGraw-Hill 出版社，1981 年。

2 T. 德·斯基霍尔特兹（T.Ter Schiphorts），《约瑟夫·德尔泰伊传》（*Joseph Delteil*），巴黎，Éditions CLT 出版社，1977 年。

彩票中奖者

有不少针对彩票中奖者的研究。这些研究都不约而同地表明，得知中奖时的那份狂喜（“我的天，我中大奖了！”）、幸福感，“幸福中奖者”的开心，其实和没有中奖的人并无差异。一年之后，他们的幸福感就会回归到未中奖前的状态。[1] 从天而降的财富甚至会引发诸多烦恼[2]：如果仍生活在原来的圈子里，与家庭人员、同事朋友和邻居之间会变得矛盾重重；改变生活圈子又与新环境格格不入……有些人反而变得更糟糕，他们的生活变得一团糟，最终后悔不已。因为金钱有不公平的一面：真正的富人生活，是从小培养的！

所以结论是，极端贫困的人因为资源匮乏更容易遭遇不幸，而极端富有的人如果有效利用资源则有更多机会获得幸福。介于两者之间，金钱之于幸福并无太大作用……

谎言与奇迹的贩卖商

2002 年 9 月，奔驰汽车制造商推出城市小型车 A 系，广告词是“幸福的最佳型号”。奔驰并不是第一个以幸福为口号的

1 P. 布里克曼（P.Brickman）等人，《彩票中奖者与意外事故受害者：快乐是相对的吗？》（“Lottery winners and accidents victims : Is happiness relative ? ”），《人格与社会心理学》杂志，1978 年 36 期，917—927 页。

2 P. 托兹、M. 汉纳（P.Thoits, M.Hannan），《收入与心理苦恼》（“Income and psychological distress”），《健康与社会行为》杂志（*Journal of Health and Social Behaviour*），1979 年 20 期，120—138 页。

商家，之前就曾有“幸福很简单，拨通电话就可以”（法国电信）“低价亦幸福”（赫兹租车）“幸福，想要就有”（地中海俱乐部度假村），甚至还有更加豪情满怀的“习惯了幸福，就再无法回头”（法国农业信贷银行的保险广告）……

广告利用幸福大做文章，随时可见各种可以引发幸福联想的场景：爱意绵绵的情侣静静地喝着咖啡，兴高采烈的孩子坐在漂亮的车里……显然，广告商很清楚，幸福的场景总能让人浮想联翩，动力十足。而且，这些场景的潜台词浅显易懂：只要购买、拥有、享受物质，幸福即刻拥有，就这么简单。

曾经有一位客人向我讲述她母亲去世后，她和父亲整理母亲的储藏室时发现了大量全新的书籍、衣服、家用电器和一些漂亮的物件，未曾拆封，整齐地摆放在架子上。年迈的母亲孤单一人，天天守着电视机，看着电视购物里那些和蔼可亲的主持人所宣称的小幸福，于是时不时地花钱买回一堆东西……

当然，也没有必要彻底地摒弃物质，宣扬清教徒式的生活。买东西不会阻止幸福，有时候反而会获得一些快乐，虽然没有商家承诺的那样多。不过要警惕，千万不要一不小心就上当了，广告的诱惑远远大于我们所想。伍迪·艾伦（Woody Allen）说过：“商人显然比那些善良无知者懂得更多……”让我们换个说法：“广告商显然比消费者懂得更多。”然后再仔细看看电视里的广告，想想那些设计广告的人到底想说什么……

99 法郎的幸福

“我叫奥克塔夫……我是广告商，是的，没错，我在玷污这个世界。我就是那种兜售垃圾的人。你们对着那些垃圾浮想联翩，其实承诺的快乐永远不会来……干我们这行的，没人真心希望你幸福，要知道，幸福的人什么都不缺。痛苦刺激消费……享乐主义不是一种人文主义，而是现金流……”

弗雷德里克·贝格伯德的这番话摘自他的畅销书《99 法郎》。很多人如此评价这本书：作者深谙广告世界的内幕，多年以来如鱼得水，尽显才华。[1] 他提醒我们，利用幸福兜售东西和兜售幸福是两码事……

曾经有一位抑郁症患者，他对某些场景的消极面极度敏感，而这些场景对匆忙的人来说根本无关紧要。一天，他向我讲述了在机场的一段经历：

那是个周五的晚上，航班晚点足足一小时，我在机场商店里闲逛。我走进一家玩具店，看见两个衣着考究的军官，一男一女，各自在匆忙地挑选玩具，可能是给他们的孩子。他们好像刚刚告诉售货员孩子的年龄，想要送给孩子们最新款的玩具。他们看起来很着急，脾气不大好。这一幕突然让我感到悲伤。我觉得他们买礼物是为了弥补没有陪伴孩子的遗憾，我脑子里

1 F. 贝格伯德（F.Beigbeder），《99 法郎》（*99 francs*），巴黎，Grasset 出版社，2000 年（2002 年之后更名为《14.99 欧元》）。

出现了一幅幅场景：由于工作紧张，他们几乎从未待在家里，他们感到内疚，不停地买礼物来安慰孩子，用堆成山的玩具来应付孩子的抱怨。我想象孩子收到礼物时会有一阵兴奋，随后便转身不再理会长年不露面的父母……这家玩具店一下子变得阴沉沉的，虽然橱窗里有霓虹灯闪烁，还有那些笑嘻嘻的玩偶。

那么，如何保持与物质财富的健康关系？

波舒哀神父以《圣经讲道》(*Sermons*) 和《祭文》(*Oraisons funèbres*)著称，他曾经在法王路易十四面前布道。关于物质财富，他的建议是："拥有一切财富并不能成为财富的主宰。只有藐视财富，才能成为财富的主宰。"

如果更现实一点（生活中，我们是那些高效广告的永恒目标），那么在每一次购买非必需品之前（也就是说非面包和水等类别的基本需要），请思考以下三个问题：

- "我真的需要它吗？我买的到底是什么？是一件实在的物品，还是一种对舒适、地位和快乐的承诺？"
- "我想要掩饰什么样的空白？"
- "可以用其他东西代替吗？比如不买礼物，而是花时间陪伴孩子或老公？"

但是，为什么要问这么多问题？因为存在两种轻物质的方式：传统方式为不寻求占有，现代方式则是堆积过剩直到彻底贬值。

伊壁鸠鲁式的幸福

古代哲学大师中，伊壁鸠鲁是一个至今仍为我们当代人所熟悉的名字，我们用“伊壁鸠鲁主义者”称呼那些追求生活开心、物质享乐（舒适、美食……）的人。

其实，伊壁鸠鲁学说强调的是个人远离对物质世界的依赖。不快乐的人往往“就像病人一样不知病因”。[1]而且我们很可能在寻找幸福的道路上走错了方向，“因为那些费钱的东西看起来似乎可以满足连我们自己都不了解的需求”。于是，伊壁鸠鲁煞费苦心地列出快乐需求清单，涵盖了必需和非必需的内容：

- 必需的正常需求：朋友、自由、食物、住所、衣服、反省；
- 非必需的正常需求：漂亮的房子、仆人、美食；
- 非必需、非合理的需求：荣耀、权力。

伊壁鸠鲁的享乐主义绝非疯狂追求享受，而是一种“最节制的享乐主义”。只不过在伊壁鸠鲁时代，广告尚未问世……

在当今这个消费社会，孩子们对待玩具的方式与以往截然不同。过去，得到一件玩具是很难得的事，孩子们总是加倍珍惜。如今，他们有大量的玩具，新玩具收到不久之后很快就被遗忘在玩具堆里。从某种意义上说，现在的孩子们越来越不依

1 A. 德 · 博顿（A.DE Botton），《哲学之慰藉》（*Les Consolations de la philosophie*），巴黎，Mercure de France 出版社，2001 年。

赖玩具，或者说至少比以前的孩子更不在乎玩具了。

这些日复一日的购买，那些“幸福快乐的承诺”，是否会让人养成坏习惯，渐渐失去对自然的、非物质的快乐的感觉，自然生发的快乐是否更容易让人满足、更持久（至少我们是这么希望的）？比如，玩具的堆积似乎“制造”了不再懂得怎么去玩的孩子，他们不知道如何创造一个快乐游戏所必需的空间。难道给孩子买礼物，就能替代陪伴孩子的时光？

还有那些游乐园，最成功的莫过于迪士尼乐园和欧洲迪士尼世界，是否也在赤裸裸地尽可能利用快乐诱惑来获取商业利益？当然，游乐园有很多积极正面的优势，比如欢快的音乐、让人喜笑颜开的表演、琳琅满目的玩具、花样繁多的游戏。最好的就是当孩子看到动画人物“真人版”时的那种兴奋劲儿，动画人物变成活生生的、和善可亲的大人偶（虽然人偶总是匆匆忙忙）。但是，往往最糟糕的是，大量玩具的堆积其实是一种威慑，尤其对年纪特别小的孩子。每天，游乐园里到处都能看到孩子的同一出闹剧，家长为了不让孩子失望，又担心搅了一天的兴致，只好频频让步。

一天下来，孩子各种撒娇闹脾气，最后大家都不开心……快乐的不公平展示无疑，家庭之间的差别也彻底暴露。游乐场变成一个泄密者：亲子关系很一般的家庭，有人很霸道，有人独断专行，这样的家庭往往到了最后就会引发相互责备（“我花钱让你来这里玩了整整一天，你却让我们跑断腿……”），家长们也为最终没让孩子开心而觉得难过。亲子关系好的家庭，是一家人喜笑颜开，一起回忆一天的快乐时光。

对此我也没有经验，我也是一名父亲，经常带孩子去欧洲迪士尼世界……我承认在游乐园里我和孩子都很开心。但是从未超越出发之前的期待，对此我一直很困惑。每年，为了庆祝孩子们的生日，我都会和他们单独相处整整一天。我记得曾经和二女儿一起度过两个截然不同的日子，相隔仅仅一周，一天是在欧洲迪士尼世界，另一天是在凡塞纳森林里放风筝。在迪士尼的一天，热闹喧哗，琳琅满目，很开心，但是一天的行程排满了各种各样的活动，几乎都是走马观花。在凡塞纳森林的那天则格外悠闲，那天阳光灿烂，我和女儿尽情聊天，不时停下来享受宁静，那是让人印象深刻的一天。不知在女儿的童年幸福回忆里，哪一天的记忆更深刻呢？

什么是幸福的要素？

我不知道为什么，我治疗的大部分酗酒患者都很友善。有些人嗜酒如命，别人帮忙也无济于事，他们往往很不幸，极端焦虑，或极度沮丧，只能在酒精中寻求一点点慰藉，有时候还真能寻到一丝丝的快乐；有些人则只是偶尔喝喝，自己就能戒掉。

弗洛朗

每天晚上回到家，我就喝上几杯，让自己飘飘欲仙，感觉棒极了。这种小啜还不赖，我隐隐觉得幸福，不仅缓解了一天的紧张，更给我另一种看世界的角度。让我担心的是，喝酒的时间越来越早。一开始是晚餐前，后来慢慢变成一进门就先喝一杯。再后来，甚至还没到家，我就开始盘算喝哪种酒。我开始觉得事情不对劲了。我很及时地意识到问题的严重性。现在，我禁止自己独自饮酒，只有和朋友在一起时才沾酒杯。

各种毒品、麻醉品有时会被称为“人间天堂”（这是夏尔·波德莱尔的一部名著）。这种合成物带来的快感（酒精、药品、毒品）真的堪比天堂？其实更多的只是一种麻痹，短暂地忘记烦恼、忘记痛苦。“瘾君子都不幸福”出自20世纪70年代的一本畅销书，[1]那个年代思想开放，毒品肆虐。到了现在，“幸福小药丸”早已不是人们所认为的那样。那么，真的可以做到善用麻醉品，并让世人广为接受吗?

好酒的人往往吹嘘酒肉见真情。用作家朱尔·勒纳尔的话说，这种“友善的交杯”并非真的很卑劣。很多研究都证明酒精确实能缓解内心焦虑，通过对健康的试验者（没有酒瘾者）的测试发现，饮酒之后，试验者话语中使用“我”或其他以自

1 C. 奥利文斯坦（C.Olieverstein），《瘾君子都不幸福》（*Iln'y a pas de drogués heureux*），巴黎，LGF出版社，1978年。

我为中心的表述大幅减少。[1] 酒醉有时会改变一个人的世界观，但条件是他必须从中获得感悟，并能最终摆脱酒精依赖，用其他途径寻找幸福。以下是一位病人的讲述，不过当时他治疗的根本不是酗酒：

我很感谢酒精。是酒让我明白这个世界的样子其实取决于我怎么去看待它。天空乌云密布，一切都显得很忧伤，但是几杯美酒下肚之后，这片灰色仿佛也充满了魅力，忧伤根本不算什么，所有的烦恼都被抛在了脑后。别把事情当回事儿，很多时候我都采用这个办法。但问题是，我还是需要找到除酒精之外的其他快乐方式，否则容易越陷越深。我有朋友、家人，还有工作……最终，我眼中的幸福是——在夏日的下午，在参天大树的树荫下，与好友们享受美食，品尝粉红葡萄酒，谈天说地，以宽容开放的心态看待身边的世界。我们都知道快乐时光也许只有一个下午，但是没有关系，未来的周末还可以再来……

不过要提醒大家，我们刚刚谈论的都不是瘾君子，所有的科学研究都强调，对于瘾君子来说，情况截然不同。最近有一项研究，实地跟踪记录酒吧里喝酒人的行为举止，[2] 研究指出，

1　J.G. 赫尔（J.G.Hull）等，《饮酒对自我意识的降低影响》（“The self-awareness reducing effect of alcohol consumption”），《人格与社会心理学》杂志，1983 年 44 期，461—473 页。

2　J. 摩尔蒙、F. 佩雷亚（J.Morenon,F. Péréa），《酒吧饮酒者——饮酒人的本能行为研究》（“L'alcoolique au comptoir, étude sur le comportement verbal spontané des buveurs”），《神经元突触》（*Synapse*），2002 年 190 期，23—28 页。

长期酗酒者与人的交流明显减少——不论是眼神交流还是语言交流都很少，他们不与人交流，或是话题陈旧……

原则上，人们应该只在状态好的时候才喝酒，因为状态不好时很难控制饮酒量。这看起来很合理。研究表明，当遇到挫折的时候，相比自信的人，那些原本就对自己没有信心的人更容易喝多（出自一项在心理实验室里现场做的测试）。[1]

真的有幸福小药丸吗?

1981 年，市面上出现了著名的抗抑郁药“百忧解”(Prozac)。这对与精神疾病相关的医药界来说，可以算是带来了一种革新。迄今为止，抗抑郁药的成效有目共睹，不过副作用也不容忽视 (手抖、口干舌燥、视力下降等)。百忧解不能有效减轻抑郁，只是让抑郁变得更易忍受，但这已足以让它获得成功。问世仅仅几个月，百忧解已成为医生们眼中最为有效的抗压力药。相比其他同类型的药物 (作用于神经传导物质血清素)，百忧解的功效不仅抗抑郁，而且对很多精神疾病同样有效，比如社交恐惧症、焦虑症、强迫症。后来，有一点引起了人们的注意：一些抑郁症患者在治愈之后，认为服用百忧解治疗时期的精神状态甚至比患病之前更好，就好像百忧解改变了他们的某些性格特征。由此才有了一本畅销全世界的书，法语巧妙地将其翻译成《百

---

1 J.G. 赫尔、R.D. 杨 (J. G. Hull,R. D. Young),《自我意识、自信、成功与失败对男性饮酒者饮酒量的决定性作用》(“Self-consciousness, self-esteem, and success-failure as determinants of alcohol consumption in male social drinkers”),《人格与社会心理学》杂志，1983 年 44 期，1097—1109 页。

忧解：处方幸福》[1]。的确，百忧解和其他血清素抗抑郁药会改变某些人的性格，不论有[2]没有[3]心理困惑，都会缓解负面情绪和坏脾气。所以，它是否真的是记者们所宣称的“幸福小药丸”？也许更确切的说法是“抗不幸感小药丸”。病人们得益于神奇药效（并非所有人，而是仅仅很小一部分人才奏效），医药界曾经一度担心这些病人会依赖药品，不过幸好并没有如此。短期治疗可以忍受的事，如果延长治疗时间，反而配合度更低。不过，试想一下，如果未来出现一种无副作用的药物，那必定会有一场激烈的论战。届时将是哲学论战：到底要坚持还是要放弃尼采所认为的人在磨难中成长的世界观？或是一场科学论战：哪些是用性格改变的优点和缺点？且留给未来解答吧……

幸福的样子

幸福，就是身心愉悦，而不是假装幸福的样子。

——朱尔 · 勒纳尔

1 P. 克拉默（P. Kramer），《百忧解：处方幸福》（*Prozac: le bonheur sur ordonnance？*），巴黎，First 出版社，1994 年。

2 A.L. 布罗迪（A. L. Brody）等人，《患有抑郁症或强迫症的成年人在服用百忧解之后的性格变化》（“Personality changes in adults subjects with major depressive disorder or obsessive-compulsive disorder treated with paroxetine”），《精神病学临床》杂志（*Journal of Clinical Psychiatry*），2000 年 61 期，349—355 页。

3 B. 克鲁特松（B. Knutson）等人，《5- 羟色胺抗抑郁药对正常人的某些性格特征和社会行为的影响》（“Serotonergic interventions selectively alters aspects of personality and social behavior in normal humans”），《美国心理学》杂志，1998 年 155 期，373—379 页。

德尼

曾经有那么几年，我几乎跌到谷底。我丢了工作，老婆也离我而去，我酗酒，烟也抽得很凶。一天上午，我在巴黎5区我家楼下的小酒吧里看着报纸小广告，喝下两杯咖啡后，差不多11点了，我才开始我的上午时光。一群年轻人走进来，坐在我一旁的桌子边。他们应该是街角那所高中的毕业班学生，个个都长得很俊俏，穿得很不错，干干净净，笑容满面，看起来是有教养的有钱人家的孩子。“你跟他们根本不是一类人。”我对自己说。那段时期，即使不和任何人比较，我对自己也很没有信心。而这个时候，在这群孩子旁边，我觉得自己又老又丑、一事无成、愚蠢、毫无魅力……我甚至都不敢抬头看他们，就怕会遇到不屑的眼神投向我这种可怜的家伙。

不一会儿，我起身躲到洗手间里，让自己平静一下。我待了一会儿，希望那群孩子早点离开（他们应该要回去上课了）。我看着镜子里的自己，简直惨不忍睹：满脸皱纹，头发灰白，天生的秃顶，黯淡发青的脸色，一看就是酗酒、抽烟、缺乏锻炼。总之，我觉得自己就像个流浪汉。等我回到座位时，孩子们都离开了。

我感觉好些了。但是，这段记忆深深地印在脑海中，那是我这辈子感觉最不幸、最失落的时刻。

外表虽然不完全真实，但却清楚可见，有时清晰得让人难过。就像普鲁斯特所说的："别人的幸福最美妙的地方就在于，他们相信幸福……"

身份和证书

不要以为手上积攒着一叠证书就一定能幸福，要知道，这根本毫无用处！跻身某个社会阶层，就像拥有金钱一样，并不能带来多少幸福。摆脱穷困，进入高一级的社会圈子，不意味着就会更幸福（不过也不会被剥夺幸福）。

那么，那些思想简单的人，真的知足常乐？聪明的人也不一定快乐和幸福。[1]情商研究表明，[2]太聪明的人也可能很不幸。诺贝尔生理学、医学奖得主亚历克西斯·卡雷尔（Alexis Carrel），并非各个领域都精通（当然还是以优生学领军地位著称），他曾指出："聪明得只剩下聪明的人，聪明反而毫无用处。"

所以，那些智商超群的孩子未必幸福，他们的"天赋"有时反而会阻挠他们融入社会，尤其是人际关系的处理。[3]我想起一个名叫安娜的七岁小女孩，她不是超常智商者，但是很聪

1　W.K. 坎贝尔、P.E. 康弗斯、W.L. 罗杰斯（W.K.Campbell,P.E.Converse,W.L.Rogers），《美国生活质量考》（*The Quality of American Life*），纽约，Sage 出版公司，1976 年。

2　D. 戈尔曼（D.Goleman），《情商》（*L'Intelligence émotionnelle*），巴黎，Robert Laffont 出版社，1997 年。

3　J. 西奥 – 法金（J.Siaud-Facchin），《资优儿童》（*L'Enfant surdoué*），巴黎，Odile Jacob 出版社，2002 年。

明，学校老师甚至建议她跳级，因为她的水平远远超过同龄孩子。她不同意老师的提议，几周来一直聪明地拒绝："我不要跳级，我不能失去小伙伴们，没有她们，我会很难过……"

青春

奥斯卡·王尔德主张享乐，而不是幸福，他写道："享乐是活着的唯一目标。没有什么比幸福更短暂。"如果事实正好相反呢？试试看把这句话中享乐和幸福对调，照样讲得通……

我们曾经认为，随着年纪的增长，感受快乐的能力会逐渐减弱。我们错了。在一次测试幸福感的问卷调查中，年长者反而更珍惜快乐时刻，追寻宁静的遁世之乐。

有些研究甚至表明，[1] 幸福感会随着年纪的增长越加浓厚，我们在前一章节中也曾经提及。不过在大部分情况下，年龄不会直接影响幸福，而更多的是丰富快乐的类型，年长者更倾向于寻找和感受平静的幸福，而不是兴高采烈的快乐。

健康

英语中有三个词可以表达法语中的"疾病"：

---

1 D.K. 莫察克、C.M. 科兰兹（D.K.Mroczak,C.M.Kolanz），《年龄对正面情绪和负面情绪的影响：快乐的可延续性》（"The effect of age on positive and negative affect：A developmental perspective on happiness"），《人格与社会心理学》杂志，1998 年 75 期，1333—1349 页。

- disease 疾病，指医生诊断出来的病症（“这位病人的病症是……”）；
- illness 有病，指身边人可以看得出来的病状（“我妹妹病了”）；
- sickness 身体不适，指自己能感觉到的病痛（“我感到身体欠佳”）。

幸福感更多的是与身体状态有关，而不是严格意义上的疾病，显然对应的是上述第三个意思。对抑郁症患者来说，即使医生诊断他的身体很健康，他仍认定自己患有无法察觉的致命疾病，感到自己很不幸。而有些被诊断出患有重疾的病人，有生之年仍然可以感受幸福。一些人说自己可以把疾病造成的身体障碍看作一个需要面对的问题，而不是上天的不公或生活悲剧，这样才不至于被击倒而一蹶不振。

美貌

美貌与幸福有什么关系？

理论上没有任何关联，不过有两个现象值得我们关注。首先，对身体容貌的自我满意度会影响幸福感，虽然不显著，但仍有影响，而且会连带影响到自尊心（幸福感的另一个重要因素）；其次，如果外貌得到周边人赏识，就会获得更多人的关注，得到更多好处。虽然不尽公平，但很多研究都证明事实的确如此：[1] 人们倾向于认为长得好看的人更和善、聪明、有能力，更容易答应他们的要求（是否真是这样，有待日后亲自验证……）。那么，这些好看的人是否更幸福？

未必如此。司汤达曾说："美貌只是幸福的敲门砖。"而生活也告诉我们，诸多的敲门砖最终毫无用处……只能说美貌可能有助于幸福的获取，但绝非一种保障。一心想依靠容貌和魅力来谋求知名度、得到尊重、获取爱情的人，最终会因为时光的摧残使容颜不再而痛苦。

我记得太清楚了，就是那张照片让我第一次发觉自己老了。那时我就站在几个风华正茂的少女身边，这种对比太可怕，我看起来就像是她们的奶奶。更糟糕的是，我和她们差不多一样的打扮，一样的笑容，除了脸上的皱纹，黯淡的脸色，疲惫的神态，松弛的身形，还有那堆不忍入目的细节折磨着我……

那一天，我意识到青春已逝。40 岁的我，不再年轻……只是我们被广告和时尚宣传的各种去皱美颜产品的超级功效所迷惑，以为青春可以永驻。我撕掉照片，悄悄地毁掉底片，足足花了好几个月才缓过神来。

1 J.-F. 阿马迪厄（J.-F.Amadieu），《外貌之重》（*Le Poids des apparences*），巴黎，Odile Jacob 出版社，2002 年。

这段话来自一位病人，她正在经受她自己称之为“40 岁忧郁”的状态，失去了能带来幸福的容貌。如今，至少有一种形式的美让人无法抗拒，那就是“青春的美”。这种美显然可以带来（某些）幸福，但是沉溺于此也会失去（很多）幸福……

美貌的不幸……

王尔德的《道连 · 格雷的画像》(*Dorian Gray*，*Oscar Wilde*) 讲述了一位有着惊人美貌、为永葆青春不惜代价的年轻人：“失去美貌，就失去了一切……青春是唯一珍贵的东西。如果让我发现自己开始变老，我宁可自杀。”一天，一位朋友为他画了一幅画像，逼真地展现了他的美貌。道连 · 格雷目不转睛地盯着自己的画像，轻声说：“多悲哀呀！我会老起来，变得既讨厌又可怕，而这幅画却会永远年轻。绝不会比六月这一天的模样更老……要是反过来就好了。要是永远年轻的是我，而变老的是画该多好！为了这个目的，我什么都愿付出！”

从此，他留住了容颜，让画像替他老去。这部悲剧 (故事以悲剧收场) 是王尔德对美貌和不幸关系的探索，这两者可以矛盾地结合在一起：“美貌绝伦，或绝顶聪明，都可能是致命的……不管上天赋予我们什么，我们终将为之受苦，极度痛苦。”

幸福是一种关系

幸福，就是拥有一位终将失去的人。

——菲利普·德莱姆（Philippe Delerm）

我记得曾经和一位处于低谷期的女士聊了很久关于幸福的话题。要不是有身边的亲朋好友鼎力支持，她一定支撑不下去。她原本让人难以接触，独来独往，那时候，她一下子发现身边人都关心她、尊重她。“一开始，我没有感到任何慰藉。慢慢地，我发现还有很多人爱我，帮助我渡过难关。那时候我还没有意识到这就是幸福。磨难没有让我变得更强硬，反而软化了我。这才是我需要的，原本的我太强硬了。现在，我觉得自己不再那么坚强，但却更懂得感受幸福了……”

社会关系之于幸福的重要性，有大量研究可以做证。对人类这种社会动物来说，这一点不足为奇。拥有良好的社交能力，能够与人进行友好、有效的沟通，显然是关乎幸福的重要状态。[1]

不过，幸福与社会关系之间的联系很复杂，是一种双向的关系：快乐的人往往社交更容易，良好的社会关系也会让人更

1 M. 阿盖尔、L. 陆（M.Argyle,L.Lu），《外向型的人的幸福》（“The happiness of extraverts”），《性格与个体差异》（*Personlity and Individual Differences*），1990 年 11 期，1011—1017 页。

加快乐。相反的情况则是一种恶性循环，不快乐导致孤立封闭，缺乏与他人的互动沟通让人更加闷闷不乐。

伴侣

用一位美国学者的话来说，“堆成山的数据”似乎都指出夫妻生活与幸福密切相关。[1] 先看看这两种推测：幸福的人往往更吸引人，也更容易找到伴侣；夫妻生活会增强幸福的能力。后一种推测是大部分专家最常引用的说法。

所以，两人生活如果满足以下两个条件，就能促进幸福：

· 平等（真正的互惠互利，相互尊重，在乎对方是否幸福）；

· 亲密（亲密无间的交流，做爱，沟通，共同的人生计划，共同的兴趣爱好……）。

虽然两人都可以独自获得幸福，但如果满足这两个条件，无疑会为幸福加分。

只是，现在的夫妻生活的小船，是不是已经装载得太满？过去的人结婚是为了避免不幸（贫穷、孤单、社会对单身的不容……），而现在的人是为了寻找幸福而结婚。很显然，并不

1 D.G. 迈尔斯（D.G.Myers），《亲密关系与生活质量》（“Close relationships and quality of life”），摘自 D. 卡尔曼等人（编辑）的《快乐：享乐主义心理学的基础》（*The Foundations of Hedonic Psychology*），纽约，Russell Sage 出版公司，1999 年，378 页。

是所有的夫妻都能找到幸福，离婚率在不断上涨。并不是说现在的夫妻比以前更难以容忍对方的缺点，而是恰恰相反。西方社会的发展使男人不再那么独断专行，女人也不似从前被禁锢在柴米油盐的家庭生活里。

不同的是夫妻对婚姻生活的期待：离婚率的上升，无疑与个体对幸福的渴望程度成正比，尤其是渴望借助婚姻或两人世界获得幸福。当然还有其他影响离婚大潮的因素（社会对单身的包容度提高，越来越多的诱惑，还有飞速增长的个人主义……），心理治疗师听到的更多是抱怨幸福婚姻生活的期待落空，而不是对婚姻生活的满意。这对单身者来说多少是一种安慰，还有那些两地分居或没有天天生活在一起的伴侣……

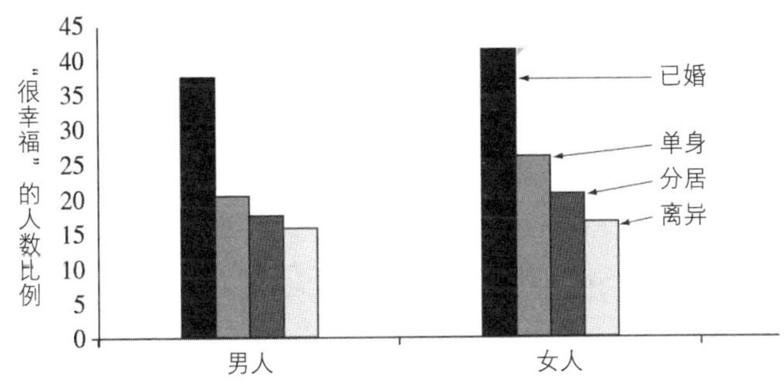

注：良好的夫妻生活有利于幸福[1]。

1 A. 马斯特克瑟（A.Mastekaasa），《夫妻生活、不幸和幸福：跨国研究比较》（"Marital status, distress, and well-being：An international comparison"），《家庭比较研究》杂志（*Journal of Comparatire Families Studies*），1994 年 25 期，183—206 页。

那么爱情呢?

对大多数人来说，陷入爱情，无疑是一件幸福的事。是的，对于幸福的情绪来说的确如此，但对于构建幸福就值得探讨了。《仅有爱情远远不够！》(*Love is never enough*)[1]是美国一位著名心理学家几年前的一本书名。他认为，短暂的热恋期之后，还需要其他支持才能维持两人生活的幸福：妥协，关心对方，有效地解决矛盾……婚姻问题咨询专家的接待室里总是坐满一对对夫妻，他们相爱却争执不断，不懂得如何共同生活。而且，如果单身时过得还算快乐，那么束缚繁多的二人世界还有必要吗?

幸福道路上的男女差别

大部分研究表明，相比男人，更多的女人认为自己还算是幸福的，原因略有不同：女人更关注孩子和家庭，男人更关注工作和财富。[2]

这么说，是否女人的快乐更无私，男人则更自私? 至少作家肖代洛·德·拉克洛(Choderlos de Laclos)是这么认为的，他在《危险关系》(*Liaisons dangereuses*)中写道："男人为感觉到的幸福而开心，女人则为打造出的幸福而快乐。"

1 A.T. 贝克(A.T. Beck),《仅有爱情远远不够！》，伦敦，企鹅丛书，1989年。
2 W. 伍德(W.Wood)等人,《积极幸福感的性别差异》("Sex-differences in positive well-being"),《心理学公报》(*Psychological Bulletin*)，1989年106期，249—264页。

不过还有一种可能，男人老老实实地恪守幸福原则，最后却惊讶地发现妻子去寻找另一种自私的幸福去了……

子女

纳塔莎

什么是我最大的幸福？睡觉前看着梦乡中的孩子们。每天如此。就算再累再烦，也要去看看他们，这一刻我是幸福的，就像是动物开心时打呼噜或颤抖，而且有时候这一刻会让人特别感动。有一次，我发现小床里的小女儿在睡衣里穿着她的公主裙，头上戴着塑料皇冠。床尾整齐地摆放着所有的洋娃娃和毛绒玩具，玩具们就像在看着她，听她说话。我们和她道晚安、亲吻了她之后，她一定又悄悄起来玩了一会儿扮公主或过家家。不知道为什么，瞬间我的眼眶就湿润了。不只是因为她太可爱，更因为这一幕让人心醉，五味杂陈。她偷偷地独自玩耍，童年转瞬即逝，终有一天这种魔力会消失。当我离开回房间的时候，眼眶里满是幸福的泪水……

孩子无疑代表着各种情感的最神奇融合，不论是开心还是伤心，都是幸福的来源。不过，和爱情一样，只有原本就懂得幸福的父母，才会从孩子身上得到更持久的快乐。否则，孩子就算是“特派专员”[1]也难以完成让父母幸福这一最艰难的使命。然而，有太多夫妻是抱着增加两人幸福的愿望才要孩子的。还有广告和电影中宣传的那些聪明绝顶的好孩子，这是一种欺骗，他们只展现乖巧完美的孩子，相比之下，我们的孩子似乎让人不可忍受，但其实他们和我们一样，不过都是普通人。

曼努埃尔·普瓦里耶（Manuel Poirier）的电影《孩子和女士优先》（*Les Femmes et les enfants d' abord*，2002 年），主人公是一位正遭遇中年危机的 40 岁父亲。电影中有一幕场景很少在屏幕上出现，但生活中所有的父母都记忆犹新地经历过：歇斯底里的生日。一家人满怀期待地希望孩子开开心心地过生日，但期望太高，压力太大，最后惹得孩子大发脾气，大哭大闹，在地上打滚。生气的父母一开始是责备（“我们费尽心思，就为了让你开心，瞧瞧你这副样子”），最后又心疼不已（“可怜的小家伙，今天是他生日，还被我们骂……”）。

父母幸福感如何受到家庭生活的影响？研究结果不容乐观。父母的幸福感曲线呈 W 形：一开始幸福感下降，因为需要照顾年幼的孩子，随着孩子的长大，曲线略微上升，孩子青春期时幸福曲线再度下降，直到孩子长大离家，重拾宁静，父

1 B. 西吕尼克（B.Cyrulnik），《关系的讯息》（*Sous le signe du lien*），巴黎，Hachette 出版社，1989 年。

母幸福感才再次上升……不过，有孩子的人总比没有孩子的人，更容易认为自己是幸福的。也许是因为孩子给了父母一种幸福感（当他们不惹事的时候……），让他们觉得生活更有意义。[1]

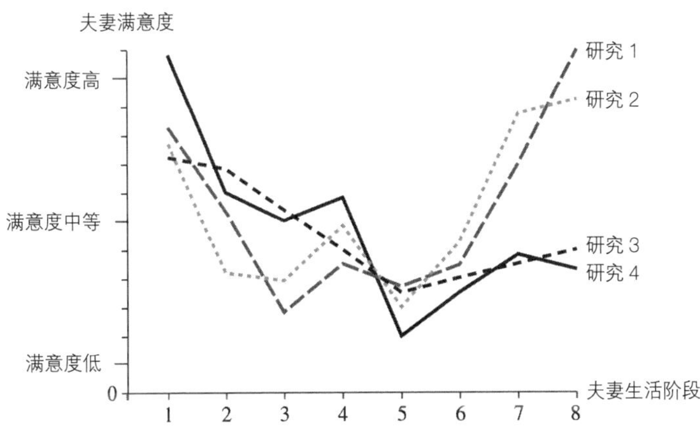

注：夫妻生活满意度随着年龄和不同生活阶段而变化：[2]

1.蜜月期，没有孩子；

3.有 1 个或多个 5 岁以下的孩子；

5.有 1 个或多个处于青春期的孩子；

8.孩子长大离家在外。

1 R.F. 鲍迈斯特（R.F.Baumeister），《生活的意义》（*Meanings of Life*），纽约，Guilfort 出版社，1991 年。

2 C. 沃克 (C.Walker)，《婚姻满意度的某些差异变化》（“Some variations in marital satisfactions”），选自《家庭生活中的平等与不公》（*Equalities and Ineqnalities in Family Life*），R. 切斯特、J. 皮尔斯编辑，伦敦，Academic 出版社，1977 年，127—139 页。

父母

我经常碰到曾经遭受“狠毒父母”[1]虐待的病人。经历过病人认为的伤痛童年之后，他们是否还有能力感觉幸福？

玛丽安娜

我父母花了大半辈子，就为了把我的生活搞得一团糟。现在还是这样。当我还是孩子的时候，他们也许因为不懂得怎么做，而且他们自己也过得很糟糕。但是现在，他们还这么做，因为他们已经习惯了只会一味地责备我，挑刺，贬低我，语言攻击。

他们的做法给我造成很多伤痛。小时候，我觉得自己是个坏孩子。慢慢长大后，我开始埋怨他们，厌恶他们，这种恨也是一种折磨，却又是无法割断的依赖。不管是伤害还是依赖，对我来说都不可能是幸福，我觉得我甚至都想不起来幸福是什么了。

现在，经历了这么多年的痛苦，接受了几次心理治疗之后，我开始学着不去恨他们。我甚至原谅了他们。但是他们对我的所作所为，我一辈子都忘不掉，所以我还是离他们远远的。否则我又会重蹈覆辙，再次陷入痛苦。

1 S. 福沃德（S.Forward），《问题父母》（*Toxic Parents*），纽约，Bantam Books 出版社，1989 年。

随着寿命的延长、交通更为便捷，父母和我们共处的时间更多了。与父母有关的快乐或不幸也更多……原谅问题父母，是心理治疗的传统项目之一，[1]这往往需要多年的治疗。这对那些有童年创伤的成年人至关重要，关系到他们自身的幸福："原谅，不是忘记，不是抹杀记忆。原谅是不再惩罚，不再仇恨，甚至不再去评判。"[2]

怨恨如同囚笼，原谅就是解放自己。原谅不等于忘记，"我一辈子都不会忘记，但是我原谅了。"作家弗朗索瓦·莫利亚克（François Mauriac）如是说。

朋友

"四季皆有挚友，唯此不能苟活。"纪尧姆·阿波利奈尔（Guillaume Apollinaire）在他的《动物诗集》（*Le Bestiaire*）中这样写道。研究者没有如此的诗意，但是他们用漂亮的数据曲线（如第 119 页中图）表明了朋友关系是积极情绪的主要日常来源，甚至胜于家庭生活。

友谊对幸福的作用多种多样，不过主要还是因为我们通常与好友相聚，做些开心的事，无须顾及同一屋檐下的各种束缚，

1 R.D. 恩赖特（R.D.Enright）等人，《谅解，情绪调节模式》（"Le pardon comme mode de régulation émotionnelle"），《行为和认知疗法报》（*Journal de thérapie comporte mentale et cognitive*），2001 年 11 期，123—135 页。
2 A. 孔特 - 斯蓬维尔，《哲学辞典》，425 页。

或是因过多考虑家人而频频让步。

我曾经参加过一次电台的谈话节目录制，主题是“和家人还是和朋友去度假？”。听众来电和现场嘉宾的畅所欲言，让我们明白了为什么有时候和好友一起去度假比和家人更开心：相互谦让，AA 制明算账，不会有人揭短，不会有人霸道专断，不会有话闷在心里好几年都不明说……

至于友谊对幸福的影响，对男人和女人来说，简直天差地别：[1] 男人的友谊是一起运动，喝酒，呼朋唤友；女人最关键的是要有闺密，可以听她唠叨、唠叨、唠叨……

友谊的快乐往往来自小细节。有一次，一位外国朋友邀请我去他们大学做讲座，但总是协调不到适合所有人的日期。最后，所有建议日期都被婉拒之后，我写了一封邮件，对我给他带来的麻烦表示歉意。他即刻回复，写了这样一句充满情义的话：“亲爱的朋友，你没有给我带来麻烦，生活本来就不简单。”最终我们找到了合适的日期……

1 L. 惠勒（L.Wheeler）等人，《孤独，社交互动与社会角色》（“Loneliness, social interaction and social roles”），《人格与社会心理学》杂志，1983 年 45 期，943—953 页。

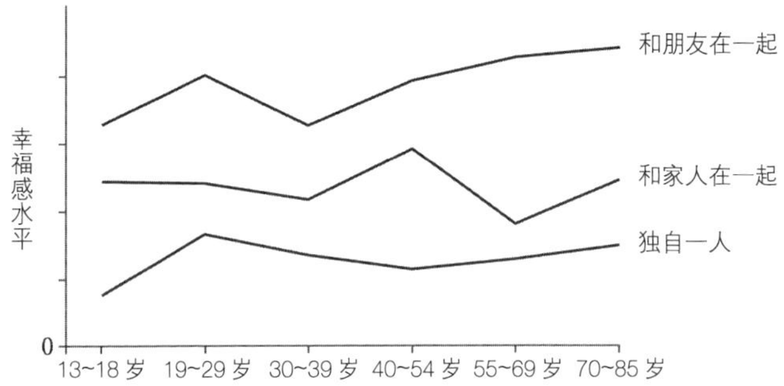

注：友谊有利于提升幸福感（根据R.W.拉森的研究[1]）。

幸福需要行动

幸福需要行动。

——叔本华

提到幸福，那些实践主义者们往往会担心，因为幸福看起来似乎是无所事事的静止状态，就像是一个僵化空洞的笑容。朱尔·勒纳尔曾经在日记中记录了这么一段轶事：有人对阿尔弗雷德·卡坡斯（Alfred Capus，快被人遗忘的法国作家）说："他们很幸福。""不，"他纠正说，"他们不幸福，他们一成不变。"那么，幸福和行动有什么关系？

1　R.W. 拉森（R.W.Larson），《生活的孤独：从童年到老年的独处时间的研究》（"The solitary side of life：an examination of the time people spend alone from childhood to old age"），《发展心理学综论》（*Derelopmental Review*），1990年10期，155—183页。

工作

艾蒂安

我从小就喜欢听故事，还喜欢讲故事的人。有一个故事的人物——法王路易十四的大臣科尔贝尤其让我印象深刻。当然，我和所有同龄小男孩一样，也喜欢骑士统帅杜·盖克兰、无畏骑士巴亚尔、拿破仑和很多战斗英雄。但是科尔贝最吸引我，因为老师告诉我们，科尔贝很喜欢工作，每天走进办公室的时候，他都开心地拍手……我也是这样的。

有一次我们写一篇作文，题目是“你最喜欢的房间”。有的人喜欢餐厅，一家人聚在一起吃饭；有的人喜欢自己的房间，那是自己的小天地；还有的捣蛋鬼喜欢洗手间，因为可以躲在里面看连环画……

而我喜欢爸爸的书房，爸爸不在家的时候我就喜欢待着那里，感受浓浓的书香，还有书架和打字机……

我在学校里没有获得任何奖项，但我就喜欢读书，只要读书我就感觉很快乐。

长大之后，这一习惯渐渐变得偏激了，我成了大家眼中的美国式“工作狂”。工作永远排第一位。我身居要职，工作永远一件接一件……直到我结婚，有了孩子，我才总算解脱：妻子和孩子让我看到了幸福也有其他方式——虽然也不是容易的方式。妻子的抱怨（“你总是不在！”）、孩子们的

> 疑问（“爸爸，你又要走？”），使我内心极度内疚，我告诉自己一定要改变。现在的我感觉特别好。千万不要只依赖一种快乐，或是单一的生活方式，这样不利于健康……

工作满意度和生活满意度之间的关联很直接，[1]生活满意度影响了工作满意度——对生活满意的人往往能在工作中感受到快乐。[2]与工作满意度有关的因素有很多：工资、职业发展空间、工作性质、企业文化等。对工作的积极性以及工作带来的个人发展，同样非常重要。[3]

但是，与同事和睦共处最重要的因素是：除了所有涉及公平的因素之外，一个良好的员工关系环境可以让人更积极地大展拳脚。[4]

娱乐

娱乐会影响幸福感。非主观意愿的空余时间，例如失业、退休、无业，这种闲暇时光显然不会直接带来幸福感（不是那

---

1 请参见本书第 295 页的一份问卷调查，可以帮助您思考幸福、快乐和职业生活之间的关系。

2 T.A. 贾奇、S. 瓦塔纳贝（T. A.Judge,S.Watanabe），《关于工作与生活满意度之间关系的另一种思考》（“Another look at the job satisfaction-life satisfaction relationship”），《应用心理学报》，1993 年 78 期，939—948 页。

3 K.M. 谢尔顿、L. 豪泽 – 马尔科（K.M.Sheldon,L.Houser-Marko），《自我协调、目标达成率和幸福：这三者是否相互促进，呈螺旋上升效应？》（“Self-concordance, goal attainment, and the pursuit of happiness：Can there be an upward spiral？”），《人格与社会心理学》杂志，2001 年 80 期，152—156 页。

4 M. 阿盖尔（M.Argyle），《幸福心理学》（*The Psychology of Happiness*），英国霍夫，劳特利奇出版社，2001 年，93 页。

些忙得喘不过气的人所想象的那样)。

在大量的相关研究中，我们只需要从电视对观众幸福感的影响中就能窥见一斑。如今，电视已成为最广泛的休闲娱乐方式，总体来说，看电视会削弱幸福感。[1]除了其他缺点之外，最主要的缺点莫过于看电视侵占了与亲朋好友相处的时间！[2]

为什么不论古代或现代社会，人们工作之余都留有大量的休闲娱乐时间？当然是为了维持我们刚刚提及的良好的社会关系。而且想要提升积极正面的情绪，不能光靠想，要行动起来![3]所以，大家都认为运动、工作、手工活儿等活动，具有（相对的）抗抑郁功能……金钱对于幸福的作用虽然有限，但是更直接，可以让人们有条件做一些促进幸福的事（旅行、买礼物），或是提供保护（不会因为贫穷而受苦），而不只是一种财富占有（不过拥有巨大财富也会带来某种幸福感）。

行动与幸福的理论

大家是否听说过米哈里·希斯赞特米哈伊（Mihaly Csikszentmihaly），如果是，那么可以完整地叫出他的名字吗？这位来自

1 L. 陆、M. 阿盖尔,《看电视、肥皂剧和幸福》(“TV watching, soap opera and happiness”),《高雄医学报》(*Kaoshiung Journal of Medical Sciences*)，1993 年 9 期，501—507 页。

2 J.P. 鲁滨逊,《电视对家庭时间的影响》(“Television's effects on families'use of time”)，选自《电视与美国家庭》(*Television and The American Family*)，J. 布赖恩编，美国希尔斯代尔，Garnier-Flammarion 出版社，1990 年，195—209 页。

3 D. 沃森,《情绪与气质》(*Mood and Temperament*)，纽约，Guilford 出版社，2000 年。

芝加哥大学的心理学教授以心流理论研究著称。[1]

“心流”指全神贯注于某种扣人心弦的活动，这种专注力让人获得快乐和满足，忘记了时间。[2]专心锻炼的运动员、专注于游戏的小孩、潜心研究的学者……当然还有所有让人开心、感到幸福的活动，比如做手艺活儿的工匠、做菜的大厨……

谈及心流（行动的幸福感），还需要同时具备两个要素：一项引人入胜、让人得到满足的精彩活动，以及对这项活动较熟练的掌控能力。两要素缺一不可，否则会全然不同：如果没有对活动熟练的掌控能力，反而让人紧张而不能乐在其中（比如让初学者做一项高难度动作）。高水平的人如果做过于简单的动作，反而会觉得无聊，同样感受不到乐趣（就像是那些超高智商的学生）。不好玩又不大懂的活动（比如一项既不喜欢又不大熟悉的工作）让人很快就懈怠下来，提不起积极性，最后彻底退出。

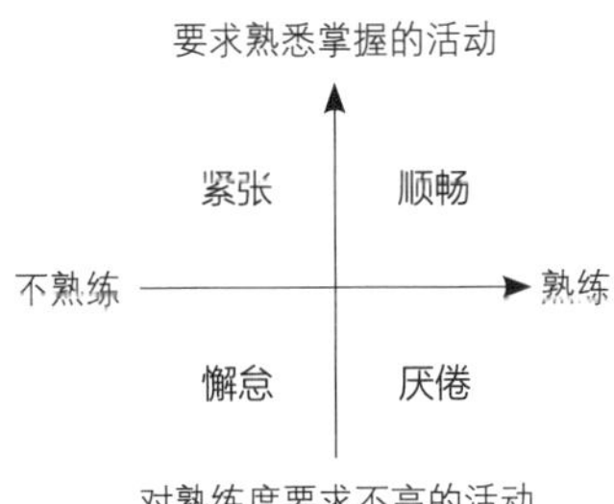

幸福与行动的关系以及心流状态图

---

1 M. 希斯赞特米哈伊（M.Csikszentmihaly），《优质生活》（*Living Well*），伦敦，Phoenix 出版社，1997 年。

2 J. 中村、M. 希斯赞特米哈伊，《心流论》（“The concept of flow”），选自《正面心理学手册》（*Handbook of Positive Psychology*），C.R. 斯奈德、S.J. 洛佩斯（C.R.Snyder et S.J.Lopez）主编，牛津，牛津大学出版社，2002 年，89—105 页。

休息与幸福

厌恶工作狂的人可以稍感安慰，因为幸福曾经被定义为“乐憩”[1]。让－雅克·卢梭借作品《一个孤独漫步者的遐想》(*Rêveries du promeneur solitaire*）表达了对这一幸福观的最忠实拥护：“这是一种怎样的幸福？这极乐又是什么？首先是无所事事，悠闲自在。我只想享受这份温和宁静的快乐……”

作为一名心理治疗师，我经常观察工作狂如何让工作成为幸福的羁绊，殚精竭虑（害怕空虚，害怕贫穷）、完美主义（不达完美不停歇，也就是说从不停歇）、超级控制欲，抑或是寻找一种成就感。劳逸结合似乎最理想，也最为合理。

幸福就在田野里

春风穿透我的身躯。
到处都有我的踪迹，到处都有我的幸福。
我为昨天而快乐，为今天而快乐，为明天而快乐，
我以为我是神，没有开始，没有结束。

——保尔·福尔（Paul Fort）

1　图布雷神父，引自 R. 莫齐（R.Mauzi），《18 世纪法国文学与法国思想的幸福观》（*L'Idée de bonheur dans la littérature et la pensée françaises au XVIIIe siècle*），巴黎，Colin 出版社，1979 年，330 页。

请顺其自然。对所有古代哲学家来说，人类最大的不幸莫过于远离自然。也许正是因为这样，如今大部分的城市人都想尽办法接近大自然，在狭小的窗台上种两盆花，养一只宠物，甚至心甘情愿忍受进出城的堵车高峰，就为了能去乡下过一个周末……

在所有的神话里，天堂都被描述成一座神奇的花园（《圣经》里的伊甸园）、美妙的田园（古希腊的世外桃源）或是清静之地（中世纪的命运之岛）。这显然是出于人类的自然本能，我们的所处和根基扎根于自然，我们的幸福亦如此（对环保主义运动而言，关键问题不是幸福，而是能否继续生存）。

所有人都曾在生命中感受过这种完美，而且只有身临大自然才可能感受到。罗马尼亚裔旅法哲人萧沆（Emil Cioran）是一位极端的悲观主义者，但是他在作品中多次表述了这种完美：

“黄昏，我在绿树林荫的小道上散步，一颗板栗落在脚步前。栗子壳裂开的声音，敲打在我心上，我不由得打了一个寒战。我陷入幻境，陶醉在永恒中，似乎再也没有疑问，答案自在眼前。整个世界清晰透彻，让我不知所措……我似乎就要感受到至臻的神圣。我告诉自己，还是安心继续散步为好。”[1]

“秋日，在林荫夹道的树林里漫步，甚是享受。除了赞同，赞叹，无须再做什么。”

1 E.-M. 萧沆，《诞生之不便》（*De l'inconvénient d'être né*），巴黎，Gallimard 出版社，1973 年。

卢梭则指出大自然可以让人更快地忘却苦痛，增强自我意识，这是幸福所不可或缺的："宴席尚未结束，我悄然离席，踏上一艘小船，划向湖心。湖水静谧，我躺在船里，仰望星空，任由湖水带着小船游弋。有时候，就这样静静地待上几个小时，让自己沉浸在朦胧美妙的无尽遐想之中……"[1]

所以，如同诗人保尔·福尔所说："幸福就在田野里。"当然也可以在花园里找到……埃里克·奥森纳（Erik Orsenna）的小说《一个幸福男人的肖像》(*Portrait d'un homme heureux*)[2]讲述了法国国王路易十四的园林师、凡尔赛宫花园的杰出建筑师安德烈·勒诺特尔的一生。这位园林师是路易十四身边为数不多的几位从未失宠的臣子之一（和剧作家拉辛截然不同）。路易十四最喜欢他的花园，待勒诺特尔极为友好，尤其赏识他。甚至有一天，路易十四对勒诺特尔说："勒诺特尔，你是一个幸福的男人……"

幸福就在树林里

"本书文字，或者说其中大半，写于数年前。当时我孤身一人，在马萨诸塞州康科德密林深处的瓦尔登湖畔生活。我在那里亲手搭建小

1 J.-J. 卢梭，《一个孤独漫步者的遐想》(*Les Rêveries du promeneur solitaire*)，巴黎，Garnier-Flammarion 出版社，1964 年。
2 E. 奥森纳（E.Orsenna），《一个幸福男人的肖像》(*Portrait d'un homme heureux*)，巴黎，Fayard 出版社，2000 年。

屋，营谋生计。我僻居其间两年又两个月，最近的邻人也在一英里之外。此刻，我又重返文明世界。"[1]

这是 1854 年在美国出版的《瓦尔登湖》的开篇。这本书是作者梭罗最为著名的关于公民不服从义务的论著，也是甘地和俄罗斯革命者的枕边书，可以说是美国梦的缩影。它可谓广为流传，尤其被同时代的普鲁斯特和纪德所称赞。这本自传散文行文流畅悠缓，描述了归隐大自然的生活。梭罗出生于新英格兰的一个清教徒家庭，从小喜欢遐想，但不偷懒。在瓦尔登湖畔的那些日子，建造木屋、播种、耕作、收割、散步、观察、聆听……梭罗追求一种简单、自然的幸福。

生活的点滴

另一个悖论在于，幸福虽说是一种非物质的情感，但又没有可以摆脱物质的方式，必须通过某事某物才能达到。这某事某物不过是一个垫脚石，一种可能的承诺，幸福随之而来。倘若没有这“生活的点滴事物”，幸福将无从而来……

1 H.D. 梭罗，《瓦尔登湖》(*Walden ou La vie dans les bois*，又叫《湖滨散记》)，巴黎，Aubier 出版社，1967 年。

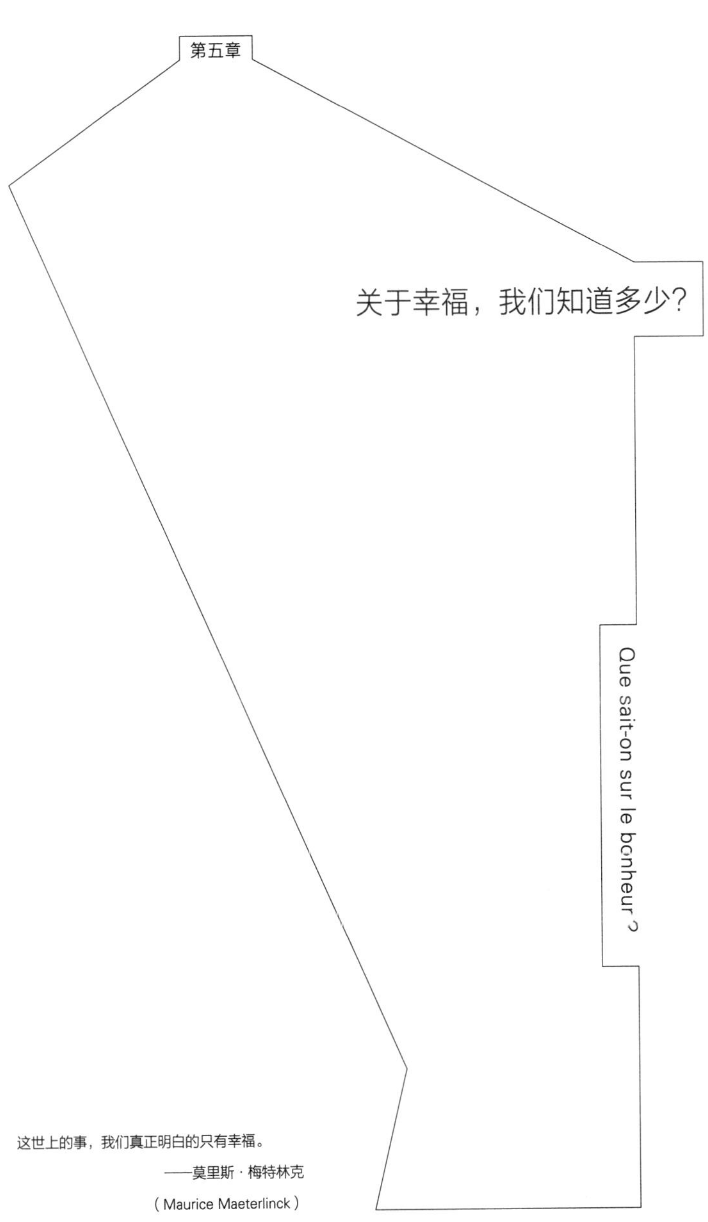

第五章

关于幸福，我们知道多少？

Que sait-on sur le bonheur ?

这世上的事，我们真正明白的只有幸福。

——莫里斯·梅特林克

（Maurice Maeterlinck）

我曾经和邻居们聊起幸福的话题，一位年轻人饶有兴致地对我说，“幸福就是不用绞尽脑汁，不用费尽心思。”没有烦恼，是否是幸福的要素之一？想要幸福，是否不要思虑过多？这种说法自古就有，如同《圣经 · 传道书》中所写：“加增知识的，就加增忧伤。”没错，有一部分人根本不需要了解任何理论就可以幸福，但其他人则非常需要明白幸福是怎么回事。

当我还是学生的时候，有一位教授尤其喜爱吟诵智者箴言，和很多同时代的心理治疗师一样。有一天我们谈起“求知若渴”，产生了一种渴望了解人类是怎么回事的冲动（正是这种渴求，我们才会在四岁的时候拆了爸爸买来的 DVD 机）。哲学中，知识论指与人类知识相关的所有理论集合。不过，不要担心，这章节并非要探讨幸福的知识论（非我能力所及）。不过你能读到关于幸福的几种科学论。你将会看到，幸福和我们的世界观、价值观、信仰息息相关，同时还会看到为什么幸福是人类的基本需求。

什么是幸福的科学？

1970 年至 1980 年，美国心理分析师托马斯 · 萨斯（Thomas Szasz）是反传统精神病学的领军人物之一。反传统精神病学运动认为不存在精神疾病，精神上的各种困扰都是社会问题的后果。萨斯认为幸福本身不存在，只是一种“构想的状态，以前是生者之于死者的想象，现在则是成人对孩子、孩子对成人世界的想象”。[1] 后来，反传统心理学的影响力大大减弱，精神科医生和心理分析家仍是以更科学、更理性的方式来解读幸福。

幸福的尺度

给我来点幸福。你要多少？三米，还是四斤？

虽然我们总是说“大幸福”“小确幸”，但是迄今为止依然没有一种可以衡量幸福的标准，而且我们可以合理地认为这种

1 F. 卡瓦利 - 斯福尔扎、L. 卡瓦利 - 斯福尔扎，《幸福的科学》（*La Science du bonheur*），巴黎，Odile Jacob 出版社，1998 年，25 页。

状态会持续……一位风趣的美国作家[1]曾经建议使用一种幸福计量，称为“HAP”（英文“幸福”一词的缩写），用来衡量我们的一举一动和生活中的每时每刻。例如，这次树林散步是多少 HAP？和孩子们的嬉闹是多少 HAP？一次好友聚餐是多少 HAP？完成这项任务可以带来多少 HAP？这一想法让我们思考幸福的深度，只是依然无法科学可见地衡量。同一项活动，对张三来说也许 HAP 很高，对李四来说则几乎为零（压力问题亦如此）。幸福就如同光，到底是正午骄阳、夕阳还是晨曦更美？有些幸福如同散射光一样朦胧，有些则像烈日骄阳一样炽热。但不管怎么说，这都是幸福。

实际上，科学研究者放弃了衡量幸福（开心地？），绕过了这个问题，而是专注于研究幸福的构成和相关表现。这正是我们下文将要谈及的内容。

幸福调查

大部分关于幸福的调查里，绝大部分人都表示“总体来说觉得自己的生活算是幸福的”。在美国，60% 的受访者则声称自己幸福，甚至很幸福。[2]面对这样的调查数据，很多心理治

1　D. 吕肯（D.Lykken），《幸福：快乐和满足的原理与环境因素》（*Happiness：The Nature and Nurture of Joy and Contentment*），纽约，St Martin's Griffin 出版社，2000 年。

2　F.M. 安德鲁斯、S.B. 怀特 (F.M.Andrews,S.B.Whitey)，《幸福的社会指数：美国人对生活质量的看法》（*Social Indicators of Well-Being：American's Perceptions of Life Quality*），纽约，Plenum 出版社，1976 年。

疗师颇感困惑，认为受访者的回答真的太乐观了！

有几种可能的解释，可以帮助理解这种结果：

· 这些数据并不可靠，只是出于一种社会学家所说的“欲望倾向”，受访者通常会选择看似为社会广泛接受的答案（曾经有民意调查表明，很少有人会在申报税单时作假，也很少有人会对自己的另一半撒谎，然而事实真的如此吗？）。所以，面对一个陌生的调查员，更多的人会选择自称幸福，而不会承认不幸。

· 文化影响改变了答案。比如跨文化研究显示，美国人通常比欧洲人更幸福，北欧人比南欧人更幸福。不同民族的心理文化差异也许可以解释这种现象。[1] 有些民族文化不提倡抗议或抱怨，几乎所有人都是清一色同一种生活模式。[2] 法国人则是典型的牢骚狂——爱抗议的高卢人，而其实全世界人都羡慕他们的生活，就像德国人所说“像神在法国那样幸福”。相信你们一定能领会……

· 这些数据反映了大家对生存的一种心理学观点，而不是情感体验。生活中总是和身边人抱怨的那些人，遇到陌生人问及幸福，反观自己的生活，他们会觉得其实生活没有那么糟糕……而且，大部分关于幸福的大型调查或民意测试，往往反

---

1 P. 斯蒂尔、D.S. 万斯（P.Steel et D.S.Ones），《人格和幸福：全国性分析报告》（“Personality and happiness：A national-level analysis”），《人格与社会心理学》杂志，2002 年 83 期，767—781 页。

2 R. 英格哈特（R.Inglehart），《工业发达社会里的文化转向》（*Culture Shift in Advanced Industrial Society*），普林斯顿，普林斯顿大学出版社，1990 年。

映的是对生活的满意度（心理层面），而不是每天的幸福感（情感层面）。

那么，结论是什么？人们并不像调查结果显示的那样幸福。不过也许比他们向身边人所抱怨（尤其心情糟糕时）的更幸福一些……

动物园的幸福

很多观点都认为，人类的近亲黑猩猩和人类非常相似（至少不会太不像）：黑猩猩和人类一样具有语言能力和思想意识，懂得所谓的“精神理论”，也就是说它们会把另一只黑猩猩的想法表达出来。[1] 因此，科学家试图衡量黑猩猩的快乐心理能力（我暂时不敢用幸福一词）。不管怎样，科学家很快就发现，黑猩猩和人类一样具有不同的心理状态：有些黑猩猩总是很开心，有些黑猩猩则天天脾气很差。不过，针对黑猩猩的直接调查方式尚未成熟，研究者其实是通过询问动物园或动物寄养所的看护人员而获得的数据。

在研究者最常用的调查问卷中，以下四个问题是必答题：[2]

在同一天里，

- 这只黑猩猩所表现的开心、高兴或情绪好的时间有多长?

---

1 F. 德·瓦尔（F. DE Waal），《聪明的猩猩》（*Le Bon Singe*），巴黎，Bayard 出版社，1997 年。

2 A. 韦斯（A. Weiss）等人，《猩猩的主观快乐可遗传并受遗传基因支配》（“Subjective well-being is heritable and genetically correlated with dominance in chimpanzees”），《人格与社会心理学》杂志，2002 年 83 期，1141—1149 页。

▸ 它有多少次愉快的交流或互动？

▸ 它的意愿得到几次满足（场地、食物、玩具和其他成员的交流等）？

▸ 如果不得不变成其中一只黑猩猩，你选择做哪一只？对每一只黑猩猩的生活方式，根据你的爱好，从 1 到 7 排序。

不难看出，科学也不乏幽默……

幸福的两种可衡量维度

让我们来看看研究结果揭露的两种生活维度。每一种维度都可以帮助我们理解幸福的即时感知，[1] 而且最重要的是这两种维度完美地结合：

· 一种是纯心理学维度，对生活满意度的主观感觉（这种生活很适合我）；[2]

· 另一种是情感维度，取决于是否经常心情愉悦（“我通常心情不错”）。

这两种维度可以完全不受控制地自发形成，也可以通过努力得到。我们可以改善幸福的心理维度，控制不满意的想法，或是加强情感维度，告诫自己不要任由糟糕情绪蔓延。在本

1 J.-P. 罗兰（J.-P.Rolland），《主观幸福感与问题回顾》（“Le bien-être subjectif. Revue de questions”），《应用心理学》杂志，2000 年 1 期。

2 参见本书第 297 页生活满意度测试问卷。

书的最后两章，我们将谈及幸福的构建，不仅需要与世界观建立相关的心理过程，同样也需要一整套调节性情的方式方法。

幸福是自上而下，还是自下而上？

1980年，我在心理诊所实习，在急诊部上夜班。不久后我就发现，大部分急诊病人都是自杀未遂，用法语行话说是“TS”（自杀未遂者的简称）。而且发生的事几乎都是同一幕，就像是早已写好的剧本：病人刚自杀不久，家人和朋友就及时赶到。每一次都是同样的问题：为什么要自杀？接着就是如超现实主义小说般的回复：“他可以很幸福，什么都不缺。”他拥有一切，至少在身边人眼里如此，但是幸福并没有如期而至。

上文已谈到，需求得到满足不等于幸福。那些可以促进幸福的东西，也同时带来压力：金钱、二人世界、孩子、工作……这些幸福的能量其实只不过是幸福的敲门砖，往往是必需的，但仅有这些是不足够的，它们仅仅能提供一些基础，让人更容易获得幸福，但不会制造幸福，更不能保证幸福的降临。那么，还缺少什么呢？

幸福的捷径

关于幸福和外部因素的关系，有以下两种观点：[1]

· 第一种是自下而上，建议幸福“从小做起”，积少成多，在不断的满足之后，幸福自会来临，金钱、健康、朋友……而幸福感也会不断增强。如果这些基本条件没有达到，幸福将无从谈起……[2]

· 第二种是自上而下，认为幸福“从高处起步”，如果思想意识没有让我们足以珍惜眼前的一切或者珍惜拥有的一切，幸福就不存在。如果这种心理条件没有得到满足，那么幸福无从谈起……

上一章节我们曾经简单谈及幸福的外部条件，“生活中的某事某物”是幸福的基石。不过我们同时也指出其中的局限性——金钱可助幸福一臂之力，但是当问及幸福感时，只有37%的美国富人认为自己幸福，远低于全国水平。[3]虽然夫妻生活有利于幸福，但是大多数西方国家的离婚率都大于50%。相同的例子不胜枚举。在此，我们首先探讨的是幸福的心理条件，也就是主观因素，自上而下的模式。

1　B. 海蒂（B.Headey）等人，《主观幸福感的自上而下或自下而上的两种理论》（“Top-down versus bottom-up theories of subjective well-being”），《社会指数研究》（*Social Indicators Research*），1991 年 24 期，81—100 页。

2　参见本书第 299 页“小点滴大幸福”测试问卷。

3　E. 迪纳、E. 舒赫（E.Diener,E.Suh），《可衡量的生活质量：经济指数、社会指数和主观因素》（“Measuring quality of life：economic, social and subjective indicators”），《社会指数研究》，1997 年 40 期，189—216 页。

幸福的某些心理条件

司汤达曾经写过：“一个人追求幸福的常用方式，我称为个性。”[1] 当然有一部分研究针对幸福的实用心理状态，本书最后两章会谈及核心的心理教育。那么，从理论角度而言，我们应该记住什么？

理论上说，我们可以将幸福分为一系列的心理要素和行为要素。[2]

自爱自重

“如不自爱，幸福无处可见。”卢梭写道。有些人总是和自己在斗争，不停地责备自己，贬低自己，理由是为了让自己变得更好，让自己不要庸庸碌碌。但是如果没有最起码的自爱，幸福也会难以感知。[3] 我的另一本书[4] 也提及过，恰到好处的自爱并不是声称自己“毫无瑕疵”。这种自爱是意识到自我的优势，但同时也接纳自己的劣势和局限（接受不等于

---

1 G. 阿诺德（G.Rannaud），《司汤达：追寻幸福》（“Stendhal : la chasse du bonheur”），《文学》杂志（*Magazine littéraire*），2000 年 389 期，49—52 页。
2 C.D. 里夫（C.D.Ryff），《幸福就是一切，或者什么都不是？心理幸福感的意义探讨》（“Happiness is everything, or is it ? Explorations of the meaning of psychological well-being”），《人格与社会心理学》杂志，1989 年 57 期，1069—1081 页。
3 E. 迪纳、M. 迪纳，《生活满意度和自尊的跨文化关联》（“Cross-cultural correlates of life satisfaction and self-esteem”），《人格与社会心理学》杂志，1995 年 5687 期，653—663 页。
4 C. 安德烈、F. 勒洛尔，《恰如其分的自尊》（*L'Estime de soi*），巴黎，Odile Jacob 出版社，1999 年。

赞同，不排除努力改进）。要做到恰到好处的自爱很简单：与自己和谐共处，接受自己的不完美，学着改进（破罐子破摔无济于事），不要因为犯错就惩罚自己，而要从中吸取经验教训，给自己失败的机会。

“恰如其分的自尊”告诉自己不要一味责备自己，内心的责备像是长在自己身上的毒舌。如果你的朋友失败了，或是遇到困难，你会对他说什么？告诉他——他其实一无是处，一事无成，劝他放弃，再也不要尝试？当然不是这样，这么做既不公平也毫无用处。然而，很多身处困境的人却会这样对自己说。

想要经常感受到幸福，那么就要学会与自我和平共处。不只是爱自己，还要成为自己最好的朋友，尊重自己，鼓励自己，不卑不亢。

与他人和睦共处

我们在上文尤其是前一章已多次阐述了社会支持之于幸福的重要性。在此我只想再次强调，构建和维护良好的社会关系，不论是家庭或朋友圈，都能使社会支持更有力。很多人一味等待着（甚至是要求）别人主动，衡量别人的热情度或相互利益，观察那些点滴小细节，揣度别人是否对自己有好感……对于幸福感来说，这其实毫无用处。

接受社会支持的各种不同形式，也同样非常重要，根本没有必要依赖所谓真正的友情，而忽略了其他关系。所有的关系都必不可少，不论是简单地与邻居或商贩谈论天气，或是和挚友畅谈世界。这些交流都可以带来（提供）或深或浅的幸福感，没有必要将社会关系带来的日常小幸福论资排序。

独立自主

幸福不依赖于依赖。也许正是因为如此，我们会觉得猫比狗更幸福。把自己的幸福过度依赖于别人，或身份地位，或金钱财富，都更容易招致痛苦和失望。

我们用“空巢”（或病态母性怀旧）来形容那些整个生活都围绕孩子、一旦孩子离开家庭就变得极端消沉的家庭主妇。[1] 还有那些超级工作狂，一旦到了假期或者面临退休时，就会变得很难受。他们当然可以用积极的兴趣活动来替代工作，但是身份地位的改变是无法弥补的，特别是如果依赖的是权力而不是工作本身则落差更大……

培养独立性，保持活跃的社交，有利于幸福。不仅如此，我们还将谈到，同样也要小心，不要过度依赖幸福本身！

对处境的把控感

我们已经提及有控制意识的行动（“心流”）有利于幸福的

---

1 L. 米勒（L.Millet）等人，《病态母性怀旧》（“La nostalgie maternelle pathologique”），《心理医学年鉴》（*Annales mé dico-psychologiques*），1980 年 138 期，587—594 页。

创造。更广义地说，控制心理学的一系列研究[1]针对人生把控感，小至日常生活的琐事，大到人生的重要决定。不同的人对人生的控制可能截然不同。把控感越强的人(认为生活取决于自己)，抗压性越强，情绪更稳定，更容易感受到幸福。[2]

应用心理学研究让我们可以切实地衡量这些假设。借助多种小方法，增加年老者或身体不便者的把控感（定菜单、定日程、增强出行便利等)，他们的幸福感也随之大大增强。[3]

这种现象同样适用于更广义的社会条件，比如生活在政治压迫的国家里。几年前，曾经有一项德国工人的“身体语言”研究，研究对象是东西德分立时期生活在民主环境下的西德工人和生活在紧张氛围下的东德工人。研究表明，东德工人笑容更少，总是弓着背，类似的身体动作让人很自然地推断他们的幸福感质量比西德工人低。[4]据我所知，自从东西德合并之后，再也没人重拾这项研究了。

不过，俗话说过犹不及，过多的选择会削弱把控感。的确，最近的研究也表明，对某些人来说，面临太多的选择，反而会

---

1 N. 迪布瓦（N.Dubois)，《控制心理学》(*La Psychologie du contrôle*)，格勒诺布尔，universitaires de Grenoble 出版社，1987 年。

2 R. 拉森，《“控制”感与日常生活的快乐有关吗？》(“Is feeling ‘in control’ related to happiness in daily life？”)，《心理学报告》，1989 年 64 期，775—784 页。

3 J. 罗丹，《年龄与健康：把控感的作用》(“Aging and health ：Effects of the sense of control”)，《科学》杂志（*Science*)，1986 年 233 期，1271—1276 页。

4 G. 欧廷根、M.E.P. 泽利希曼（M. E. P. Seligman)，《东德与西德的消极主义和消沉行为对比研究》(“Pessimism and behavioral signs of depression in East versus West Berlin”)，《欧洲社会心理学》杂志，1990 年 20 期，207—220 页。

无所适从，幸福感下降。[1]追求“最佳选择”的人往往比做“最合适选择”的人要经历更多的烦恼和痛苦，他们免不了犹豫不决，反复比较，难以定夺，出尔反尔。丹麦哲学家凯尔克高曾说过：“焦虑是自由的眩晕症。”[2]仔细观察一下，就会发现日常生活中不乏例子……

埃斯泰

我再也不想和老公一起去买东西了，我们的行为方式截然相反，搞得两人都很生气。每次需要做决定的时候，他就烦躁，就怕选错。他可以花上好几个小时研究、掂量、比较、左挑右选、犹豫不决、迟疑不定，甚至买完很久之后，还会怀疑当初是否选中了最好的。不管买什么，对他来说都是一场挑战，他说自己是“选择恐惧症”。我正好相反，我买东西很干脆，凭直觉挑选，因为我觉得都差不多，关键是避免买到不合适或质量低劣的东西，而且我觉得我选错的概率比他小得多……

社会产品消费过剩，对某些人来说，会不会影响到他们的幸福？我们都知道中世纪哲学家布里丹（Buridan）的毛驴寓言：

1 B. 施瓦茨（B.Schwartz）等人，《求最大值与满意度：幸福是一种选择》（“Maximizing versus satisficing : happiness is a matter of choice”），《人格与社会心理学》杂志，2002年83期，1178—1197页。

2 S. 凯尔克高（S. Kierkegaard），《焦虑概念》（*Le Concept de l'angoisse*），巴黎，Gallimard出版社，1977年。

毛驴面前相同距离的地方有两桶同样的水、两捆同样的干草，毛驴不知道该选择哪桶水、哪捆干草，最终活活饿死（也可能是急死）。所以，是否可以再次印证不要相信买来的过剩的幸福？

人生的追求

本章节将谈论树立人生追求和生活理想（物质、精神和心理层面）对幸福感的显著影响。[1]

生活理想可以是动力，也会成为束缚。曾有对人生目标的完美主义论的研究，[2] 结论是设定过高的人生目标，最终反而会危害实施人的幸福达成（造成一些心理疾病，例如厌食症或食欲过剩）。

大多数研究都表明，有很多种管理人生计划的方式，只是效果不同而已。最近有一份具有前瞻性的研究，观察了几百名德国和美国学生，一组有着积极态度和期望，并有切实可行的计划（称为“乐天派”），另一组怀着成功的憧憬（称为“梦想家”）。研究者连续跟踪两年，观察这两组学生的学业情况后发现，乐天派比梦想家的学习成绩更佳，因为梦想家沉溺于幻想，

1 K.M. 谢尔顿、L. 豪泽 - 马尔科（L.Houser Marko），《自我协调、目标达成率和幸福：这三者是否相互促进，呈螺旋上升效应？》（“Self-concordance, goal attainment and the pursuit of happiness：Can there be an upward spiral？”），《人格与社会心理学》杂志，2001 年 80 期，152—165 页。

2 R. 沙弗兰（R.Shafran）等人，《完美主义临床探讨：认知—行为分析》（*Clinical perfectionism：A cognitive-behavioral analysis*），《行为研究与心理治疗》，2002 年 40 期，773—791 页。

考试失败率更高。[1]虽然人生计划是一种构想，但计划是否符合现实、切实可行至关重要。一味梦想成功，不会为计划的达成带来任何帮助，甚至有可能会阻碍成功的机会。对于幸福而言，同样如此，一味梦想，没有付诸具体行动，幸福不会从天而降……

个人发展

随着生活阅历的增加，我们认识到自己的思想和情感财富更为丰富。幸福感需要这种意识。岁月让我们坚信，我们将日渐成熟，而不是日益痛苦，看破一切。这就是我们所说的个人发展，如同我的一位病人说过的："在生活中不断学习。"

医学和健康学的进步促进身体健康，我们也随之期待心理健康更上一个台阶（各种媒体开始大量报道心理学文章或播放心理节目）。个人发展规划在西方社会里成为一种大潮流。[2]个人发展规划具体指一系列实践计划，一方面是加强个人心理素质和行动力（英文 empowerment，字面意思是增加能量），另一方面是拓宽眼界，提高对自我和外界的理解力和接受能力（英文 mindfullness，意为正念、清醒意识）。

---

1 G. 欧廷根、D. 梅耶（G.Oettingen,D.Mayer），《构想未来的积极作用：预期与幻想的比较》（"The motivating function of thinking about the future：Expectations versus fantasies"），《人格与社会心理学》杂志，2002 年 83 期，1198—1212 页。

2 M. 拉克鲁瓦（M.Lacroix），《个人发展》（*Le Développement personnel*），巴黎，Flammarion 出版社，2000 年。

曾经有很长一段时间,个人发展规划被视为心理疗法的“穷亲戚”。不过这两者目的不同。

心理疗法属于精神健康的范畴，是治疗患者的一种方式。个人发展规划关乎每个正常人（至少看起来是正常的），旨在加强和提高个人的各方面能力。两者的界限仅限于理论，就实践而言，个人发展规划有助于已治愈的忧郁症患者预防病症复发，而心理治疗方式同样适用于个人发展（比如自信）。

心理治疗和个人发展规划的某些区别

心理治疗	个人发展规划
致力于“建立”身心平衡	致力于“加强”身心平衡
修复“有问题部件”	学习新技能
针对具体症状	更多的是针对个人整体发展

目前，个人发展规划的主要不足之处在于缺乏科学研究以验证其有效性，并且被一些组织利用作为招揽入会的手段。

不过，仍有越来越多的研究开始关注这个充满希望的领域。[1]很有可能，幸福定义中将加入个人发展的概念（心理资源的最佳使用，接受自我）。从静态身心舒适（舒服）转向动态身心和谐（成长），增加幸福感。[2]

1 C.R. 辛德、S.J. 洛佩斯（C.R.Snyder,S.J.Lopez）编辑，《积极心理学手册》（*Handbook of Positive Psychology*），牛津，牛津大学出版社，2002 年。

2 C.L.M. 凯斯（C.L.M.Keyes）等人，《幸福感优化：两种传统方式的实证碰撞》（“Optimizing well-being：The empirical encounter of two traditions”），《人格与社会心理学》杂志，2002 年 82 期，1007—1022 页。

幸福的条件

幸福到底是自上而下，还是自下而上？

幸福到底是自上而下，还是自下而上，是精神的还是物质的？

理论上，正确的回答应是幸福不依赖于物质条件。但是科学实证表明，幸福离不开物质条件，除非是这人具有超凡的才能，可以无视物质、身体和社会条件。所以，合理的结论应该是：这两种模式在追求幸福的道路上交互作用，物质是幸福的基石，但是光有基石也无济于事，还需懂得感知幸福。

“幸福小屋”的建造需要坚固的建材，不是歌手、小说家或诗人笔下的空想（三只小猪盖房子的小故事就是一个最典型的例子），还要有宽敞的开放空间（避免幸福狭隘短浅）。

不过要注意的是，作为佐证的大部分研究和观察都是针对物质条件较为优越的欧美国家。或许真是因为这个原因，在西方国家的幸福问题上，心理因素占据多数，因为大部分人拥有更多的生存机会，才有可能思考生活质量问题。在极端贫穷的国家里，往往独裁专制横行，幸福的主观心理因素的比重要低得多。

通往幸福的四条道路

玛蒂尔德

我的三个孩子各有不同的幸福。大儿子性格外向，整天乐呵呵,但其实不像看起来那么简单。他有着超级物质欲,有好东西总想第一个得到,很在乎别人的话,对感情很挑剔,什么都想要。他不满足于仅仅得到爱，他要自己是别人的最爱。他喜欢拥有快乐，努力去获得快乐，展示快乐，并和别人分享。他现在是一家跨国公司的营销负责人。他的幸福就是拥有、获得、创造……

老二相对保守，个性平和，心理素质更强，但是比较内向,很少展示自己。小时候,兄弟们总是叫他“疯狂工匠”,因为他可以连续几个小时专注于摆弄乐高玩具、模型或电器。家里几乎所有电器都被他拆过。现在他是一名工程师。他的快乐就是动手去做。

小儿子最复杂。曾经有很长一段时间他迷失了自己，也许因为他是同性恋，感情生活在某一天变得有点儿复杂，不过也因为他要求很高。他是家里的知识分子。哥哥们嘲笑他“钻牛角尖”，他总是说：“我需要知道实质和意义。”不出所料，他选择了心理学。他的幸福是创造和存在。

拥有、动手去做、创造和存在，各有各自的道路……

没有“标准尺码”的幸福

当然有不同风格的幸福：行动的快乐或是安静的享受、外面的天地或是内心世界、享受亲密或是品味孤独……当被问及幸福问题时，大家是怎么回答的？有些人描述浓烈的快乐，有些人谈到成就感和满足感，有些人想到做事时的忘我状态，有些人则认为是隐退、解脱……

可以归结为四种幸福风格：[1] 行动、满足、掌控、宁静。[2]

幸福的四种形象

	幸福更多地依赖于外部因素，与外界息息相关的幸福	**幸福更多地依赖于内心，内在化的幸福**
幸福更多地在活动中	行动的幸福	掌控的幸福
幸福更多地在独处中	满足的幸福	宁静的幸福

1 F. 勒洛尔、C. 安德烈，《我们与生俱来的七情》（*La Force des émotions*），巴黎，Odile Jacob 出版社，2001 年。

2 参见本书第 305 页“你的幸福属于哪一类”测试问卷。

行动的幸福

利昂内尔

记忆中最开心的日子是大学时代，我和几个同学在葡萄园打工，白天辛辛苦苦摘葡萄，然后一起吃饭，晚上值夜班一帮弟兄谈天说地，感觉棒极了。

第一种幸福来自参加团队活动时的满足感。比如悉心准备一场庆祝晚会，玩得很开心；或是和团队共同完成任务；帮助朋友一起维修他的老房子，或帮他搬家。这是一种行动的幸福，是与人交往和分享的幸福，也是一种归属感带来的快乐，通常来自和团队的共同行动。准备这本书的时候，当我问及幸福时刻的问题，相比无所事事或努力工作的时刻，更多的人会提到“和好友在一起的时光”。

满足和成就的幸福

西尔维

幸福是什么？就是把已开始的事做完。把事做完就是一件开心事。说白了，就是事有所成。工作、学习、孩子的教育……只有把事情做完，我才会感到幸福……现在，我可以享受成果，退居二线了。我偶尔会觉得很幸福。

第二种幸福来自功成身退和目标达成后的满足感。例如，收获物质财富或职业地位和社会地位，辛苦一年之后回顾成绩时的满足感。这不是纯粹物质欲的幸福，同样可以来自帮助别人获得幸福时的快乐，看着孩子们开心地玩耍，朋友们在自己精心准备的晚会上尽情尽兴。这也是一种与外界相连的幸福，和第一种幸福一样，只不过更内化，退一步品味幸福，不是直接来自行动。

掌控的幸福

卢瓦克

对我来说，幸福就是驾驶船只出海。很难描述这种感觉。还有海面上变幻无穷的景色，倾听海风，欣赏海岸风景。不过最棒的是和船只融为一体，驾驭风帆，精准地沿着航道航行。听着海风吹着船帆呼呼响，海浪拍打着船头，再没有比这更惬意的事了。这就是幸福。

第三种幸福就是我们在前一章谈及的“心流”状态。这种幸福来自行动，但诉诸内心，是一种专注于自我和自身感受的幸福：阅读、听音乐、运动、做手工，甚至是工作……所有这些活动，能带来看得见摸得着的幸福感。

宁静的幸福

多米尼克

我什么事都不做，别人什么事都不要来烦我，一切太

> 平的时候，我感觉最幸福。有时候，我会猛然间觉得很幸福：比如看着夕阳西下或日出东方的那一刻，整个世界一片沉静；或是听着音乐，不一定是名曲，也许只是一段不知名的小曲儿都可能让我沉醉……沉下心来，后退一步，感知这个世界。远离匆忙的世界，而不是卷入汹涌大流中，我才感到幸福。

第四种幸福来自隐退，是和身边的世界保持一定的距离。相对地脱离，但不是完全无视。曾经有一位病人这样对我说：“这种幸福尤其强烈，知足常乐，不畏惧死亡……”这种幸福更多地诉诸自我的内心世界，而不是与外界的联系。

偏差和歧途

任何事情都过犹不及，过于极端地单纯选择这四种幸福方式中的某一种，将可能误入歧途：

· 依赖于行动的幸福，也可能会变得太肤浅，注重享乐，依赖外在，需要靠别人来感觉自己的存在。

· 成就感带来的幸福，依赖于对投入项目的期待，也可能会变得过于注重结果（如果目标达成），不成功就不满足（目标没有达成）。

· 掌控的幸福，专注于个人在高强度的活动中获利，让人注重行动，依赖工作或某种行为，但可能会导致自私自利。

· 宁静的幸福容易产生消极的惰性，听天由命，不愿面对生活必要的斗争……

四种幸福方式，没有其他……

在我们的一生中，如若这四种幸福交织或交替，幸福的感觉将是浓烈深刻的。了解这四种幸福，实践并享受这些幸福时刻，会让我们更懂得感受幸福。

孟德斯鸠认为幸福相对不稳定，总是变化莫测，他写道："我们不停地继承自己、超越自己。"变换不同的幸福之路，交替而行，也许会让幸福来得更多。就像饮食一样，幸福也需要品种丰富的配比。

幸福和生活的意义

美国社会心理学家在一次大型幸福话题调查中发现，让人们谈论幸福并非易事。如果提问的时候是一群人，他们往往喜欢开玩笑，声称生活平淡无奇，以此掩饰自己的情绪。如果是一对一的访问，被访者会显得相对认真，不过回答往往也是千篇一律，没有什么信息量。面对糟糕的调查结果，研究人员恼火不已，如果调查主题与性有关，肯定会容易得多……[1]

1 J.L. 弗里德曼，《快乐的人》（*Happy People*），纽约，Harcourt 出版社，1978 年。

难以谈论幸福，是因为幸福的话题在首次打交道的人面前其实是一个私密的话题。幸福总是与个人的经历有关，谈论幸福，也就暴露了自己，容易受到评判，被人取笑。幸福还关系到复杂的个人价值观、对人生意义的思考、是否实现理想、个人能力和鲜为人知的天分等。也许正因如此，幸福会让很多人感到局促不安……

生物学、心理学和社会学：幸福的三个基础

如今的精神病学都倾向于使用“生理—心理—社会”模式来研究人类心理行为。比如为了解释某种心理问题，例如忧郁，医生会查看生理数据（遗传病史和神经递质病史）、心理数据（导致忧郁的心理历程）和社会关系（患者所处的社会文化和时代带来的压力）。

因此说，幸福受到“生理—心理—社会”的综合作用，研究者建议将这一观念表述为一整套三个不同维度交互作用的概念。[1]

· 生理维度是基础，个人基本需求得到满足。不管怎样，在不可或缺的基本需要得到满足之后才有可能谈及幸福（食物、取暖、亲情、安全感、性生活……）。在基本需求得到

1 J.R. 埃夫里尔、T.A. 莫尔（J.R.Averill,T.A.More），《快乐》（“Happiness”），摘自《情绪手册》，M. 刘易斯、J.M. 哈维兰（M.Lewis,J.M.Havilland），纽约，Guilford 出版社，1993 年，617—629 页。

满足后，仍然通过生理维度来寻求快乐的人，我们称为享乐主义者。

· 第二层为心理维度，需要满足自我的实现。如若没有基本的自尊，则更难感受到幸福。心理治疗医生的实践证明，这一维度对于幸福感至关重要。[1]不过，仅仅通过这个维度追求快乐的人往往会变成个人主义者。

· 第三维度为社会关系，广义上说是关心他人，奉行善德。伏尔泰的情人沙特莱夫人在《论幸福》(*Discours sur le bonheur*)[2]中这样定义善德："有利于社会幸福的事。"我们可以看到，很多人表明立场，都是为了说明幸福和无私之间的关系。当幸福感主要来自社会关系维度时，这种人具备公民意识，他们的榜样是圣者和爱国先锋。

完整的幸福兼具这三个维度，并尽可能地满足生理、心理和社会需求。当某一维度占据绝对强势地位，会削弱另外两个维度，这或许也能带来快乐（比如欲望达成的享乐主义者）、成功（比如目标实现的个人主义者）、地位荣耀（比如实践信仰的公民），但不是幸福。

过于专注某一个维度，自然无暇顾及另外两个维度。荣耀

1 K.M. 谢尔顿等人，《满意的事到底哪里让人满意？ 10 位受访者心理需求测试》("What is satisfying about satisfying events ? Testing 10 candidate psychological needs")，《人格与社会心理学》杂志，2001 年 80 期，325—339 页。

2 沙特莱夫人，《论幸福》，巴黎，Payot 出版社，1997 年。

就是一个幸福理论家最感兴趣的主题，因为荣耀往往让人不得不在生活理想与幸福追寻之间做抉择。遭到拿破仑憎恨并被流放的斯塔尔夫人曾写道："荣耀是幸福的悲怆悼歌。"很多政治家、军人、追求伟大事业者，或是抗击压迫的爱国者并非一心追逐荣耀，他们只是要让自己的生命更有意义，才选择了一条未必幸福，甚至是远离幸福的道路……由此，圣·埃克苏佩里才说："人寻求充实，而不是幸福。"他也许想说的是"真实的自我"。

赋予生命意义，并不是获得幸福，但也不会阻拦幸福。古希腊人更注重"正确地活着"，而不是幸福地活着，私人财产可视同为城邦公共财产。由此，一个人在世时无法评判自己是否幸福，只能留与后人评说。古代雅典人心目中最伟大的智者梭伦说："幸福与否，盖棺定论。"幸福的社会维度被置于主要地位。

生活的意义和成功的人生

"想要活得充实，就要……"	选择占比（可选择两项，%）
帮助他人获得幸福	44
知足常乐	38
有生活理想并坚持不懈	23
与自然和谐共处	18
学习认识自我	18
减少对物质财富的依赖	15
相信命运的安排	11
战胜对死亡的恐惧	7

根据2002年法国民意测验调查所为《心理》杂志进行的1000人民意调查汇总结果。[1]

1 摘自《心理》杂志（*Psychologies*），2002年213期，98—102页。

西西弗式的幸福

我们执着追求的生命意义，是否只是一个幻梦？也许生活不过是个荒谬的笑话，其实根本毫无意义？那么我们会放弃幸福的念头吗？未必如此。这是阿尔贝·加缪的立场。获得1957年诺贝尔文学奖的《西西弗神话》[1]是对荒谬和希望的思考。西西弗得罪了诸神，诸神罚他将巨石推到山顶，然而，每当他将巨石推近山顶时，巨石就会从他的手中滑落，滚到山底。“西西弗看着巨石顷刻间滑落山底，他又须推向山顶。于是他下山走向平原。”

西西弗吸引我们的，正是这种往复、停歇。加缪认为，西西弗命运的可怕之处是可以避免的，“我看着这个人拖着沉重的步伐走向山谷，走向无尽的苦难。这时刻就像是呼吸，他的不幸肯定会重来，这一刻是意识到不幸的时刻。”

如果说西西弗神话是一个悲剧，那是因为西西弗意识到了不幸，而这种意识同样可以改变神话的意义，改变西西弗的痛苦人生。“他也断定一切皆善。这个从此没有主宰的世界对他来讲既不是荒漠，也不是沃土……登上顶峰的斗争本身足以充实人的心灵。应该设想，西西弗是幸福的。”

对加缪来说，人类是荒谬的，意识到所有的一切皆无意

1 A. 加缪，《西西弗神话》（*Le Mythe de Sisyphe*），巴黎，Gallimard出版社，1942年。

义的人更容易活得透彻，感悟到幸福：[1]“幸福与荒谬是同根生的两个亲兄弟，它们不可分离。若说幸福源自发现荒谬，无疑是一个错误。同样，荒谬感也并非源自幸福……”是否有些豁然开朗？

幸福如同登山

天主教思想家德日进认为，我们这个时代对幸福的共识太软弱，我们认为追求幸福徒劳无益，要么幸福无法实现（认为这个世上根本没有真正的幸福），要么有无数特殊方式（各有各的招数），德日进对此完全不赞同。

德日进指出，幸福有三种形式：安详、愉悦、发展。[2]他提出一个著名比喻，将人生比作在山中徒步，几小时后发现，想要抵达山顶，必须费力地攀登。于是，有些人选择返回营地休息或烹制可口饭菜（安详的幸福）。有些人则认为既然已经爬到半山，景致优美，何不躺在场地上晒晒太阳（愉悦的幸福）。最后那些人，作者最为欣赏，他们坚持不懈，汗流浃背，登上顶峰，因为他们认为山顶才是他们要去的地方（发展的幸福）。

德日进认为，个人发展和内心成长的幸福是我们最经常需要的，遵循三个阶段三种变化：首先懂得尊重自己，身心和谐，

---

1 P.-H. 西蒙（P.-H.Simon），《人类的见证》（*Témoins de l'homme*），巴黎，Payot 出版社，1968 年。

2 德日进，《论幸福》（*Sur le bonheur*），巴黎，Seuil 出版社，1966 年。

找到自我中心；然后懂得走出自己的小世界，向别人敞开胸怀，团结，不再以自我为中心；最后让生活服从于一种高于我们自身的力量，归属臣服，超越中心。

虽然我们这个时代看似对各种思想兼收并蓄，但是德日进的理论并没有获得当时教会当权者的赏识，1962 年，教会甚至下令天主教教师不要让学生接触德日进的作品。尽管如此，德日进的思想依然闪烁着他称为“基督教人文主义”的光芒。幸福的道路与信仰的道路往往交错而行……

信仰的幸福

“喜爱某种东西并笃信其存在。”[1] 信仰的定义恰如其分地证明了我们的阐述。曾有一位女友在回答我的提问时，这样说：“幸福？我根本不相信……”对她和其他很多人来说，幸福不过是一种信仰，还不如谈谈安逸生活更实在。

想要找到幸福，就要相信幸福……

仔细想想，幸福的确神秘难解，很像一种信仰。我们将在

1 A. 孔特 - 斯蓬维尔，《哲学辞典》，252 页。

最后一章更详细地阐述“小幸福”，那些幸福不期而遇的时刻，难道不更衬托出基督教徒所说的仁慈，“无理由、无条件、无索求的馈赠”，[1] 让信徒们不经意间发现了惊喜？

如果像克劳德·努加罗（Claude Nougaro）在歌曲《天使的羽毛》（*Plume d'ange*）中唱的那样，“信仰比上帝更美好”，那么，幸福的期待、准备和追寻的过程，难道不就是一种幸福？并让人更容易看到幸福的出现？很多人确实都这样认为。

宗教与幸福

真正的信仰与幸福又有何关系？幸福与宗教之间关系的研究不胜枚举，似乎都表明信仰能使信徒体验到更浓烈的幸福。不过这种促进作用也依赖于社会环境，相比欧洲人，美国人的幸福感更明显地受到信仰的影响，年长者、妇女和新教徒的幸福感也更强烈……[2]

解释宗教与幸福的关系，曾用到三种机制：社会支持、与神的关系、信仰与信念。

· 社会支持指从亲切仁慈的一群人或一个人际网络中获益，例如家庭、好友、熟人、同事、邻居等。最常见的莫过于

1 A. 孔特－斯蓬维尔，《哲学辞典》，264 页。
2 M. 阿盖尔，《幸福心理学》（*The Psychology of Happiness*），纽约，Taylor&Fraicis 出版社，2001 年，164 页。

宗教社团所表现出的有力的社会支持，会员可以从其他成员那里得到情感支持（关爱、友善、默契）、物质支持（捐赠、借款、帮助）、信息支持（建议、解释）……也许正是因为这样，对信教者来说，那些经常去教堂、与其他教徒交往的人往往能得到更强的幸福感和满足感。[1]

· 与神的关系是另一种解释。大部分祈祷都是如此：

神啊，请您仔细聆听我的祈祷，
感知我的呻吟，
倾听我的声音，我的呼喊，
我的国王，我的神。

教徒相信神关爱众生，虽然总是看不见神的现身，还是依然相信神不轻易降临，一旦降临必定气场宏大，广受欢迎，这种笃信对教徒的幸福感来说至关重要。而且，信仰行为还有一个好处，长期祈祷，让人身心更为平和。[2] 不过，没有研究可以表明，是否某些祈祷方式比其他方式更有效。同样，研究也无法回答这样的问题：到底是幸福的信徒会更多做祷告，还是祈祷的信徒感到更幸福？萧沆有自己的看法——依然是怀疑主义者的态度："忧郁的人祷告太无力，上帝听不到。"也就是

1 R.A. 威特（R.A.Witter）等人，《宗教与成人的主观幸福感：海量数据比较研究》（"Religion and subjective well-being in adulthood: A quantitative synthesis"），《宗教研究综述》（*Revieu of Religious Research*），1985 年 26 期，332—342 页。

2 J. 莫尔特比（J.Maltby）等人，《宗教引导和心理幸福感：信徒经常祈祷的作用》（"Religious orientation and psychological well-being : The role of the frequency of personal prayer"），《英国心理健康》杂志（*British Journal of Health Psychology*），1999 年 4 期，363—378 页。

说，只有幸福的人的祈祷，上帝才听得见。的确，各种宗教都提醒我们，祷告不只是请愿，祷告也是感恩……

· 宗教必不可少的信仰与信念，也与幸福感密不可分。[1] 宗教在某种程度上让人接受生活，尤其让信徒相信生活是有意义的，即使生活中不乏苦难和折磨。有一份针对 406 名心理疾病患者的研究，指出祈祷和宗教活动对研究对象的幸福感具有积极作用。[2] 信徒似乎感觉到自己可以更好地把控每天的生活，更加乐观（俗话说“有信仰”指那些让人可以信任的人），更加自信……[3]

同样还要看到，信仰有助于战胜对死亡的恐惧，尤其是如果相信有灵魂存在，要遵循爱和正义的法则：“正义的灵魂受到上帝的保护，不再遭受痛苦侵扰。”（《智慧之书》，第三卷第 1 条）。

信仰与幸福：过犹不及？

要注意，信仰与幸福的关系并非十全十美。历史告诫我们，宗教不是灵丹妙药，也可能造成社会苦难（原教旨主义、排他、宗教战争）或个人不幸（负罪感、僵化教条、轻信盲从、暴力

---

1 C.G. 埃利森（C.G.Ellison），《宗教介入与主观幸福》（“Religious involvment and subjective well-being”），《健康与社会行为》杂志，1991 年 32 期，80—99 页。

2 L. 泰珀（L.Teppers）等人，《长期精神疾病患者的宗教应对方式使用率》（“The prevalence of religious coping among persons with persistent mental illness”），《心理治疗服务》，2001 年 52 期，660—665 页。

3 V.T. 杜尔、L.A. 斯科坎（V.T.Dull,L.A.Skokan），《宗教对健康影响的认知模式》（“A cognitive model of religion's influence on health”），《社会问题》杂志（*Journal of Social Issues*），1995 年 51 期，49—64 页。

和仇恨）。

也许，求助宗教也有一个最佳剂量。一项针对荷兰老年人消极心态的研究报告指出，信仰与心理健康的关系如同钟形曲线，[1]极端笃信类同于没有信仰，最佳健康状态者是那些“适度虔诚的信徒”。

让我们用两个特征总结这段有关宗教信仰的短小章节。首先，不能依赖上帝之手来解决以幸福为目的的健康问题，信仰不是幸福感的药方。其次，有信仰或求助上帝不意味着心想事成，同样，相信幸福不等于把追求幸福作为看世界的唯一角度。

那么，还有一个问题——一个根本问题，那就是为什么幸福是存在的？

幸福有什么用？

马塞尔·普鲁斯特在《追忆逝水年华》（*Le Temps retrouvé*）中讲述主人公走在一条高低不平的路上，感到深深不安，就在最著名的玛德莱娜这一章中写道：“一种朦胧眩晕的幻觉再次出

1　A.W. 布拉姆（A.W.Braam）等人，《宗教和地域环境对荷兰老年人忧郁迹象的影响》（“Religious climate and geographical distribution of depressive symptoms in older dutch citizens”），《情感障碍研究》（*Journal of Affectire Disorders*），1999 年 54 期，149—159 页。

现，似乎在对我说：趁你尚有气力，快点抓住我，跟随我的建议，去解开幸福之谜。”

此时，普鲁斯特意识到是高低不平的地面勾起了记忆，使往事浮现眼前，他想起威尼斯圣马可洗礼堂大小不一的石板：“小玛德莱娜点心的味道让我想起了贡布雷。为什么在某些时刻，想到贡布雷和威尼斯，就有一种无比的快乐，足以让我无视死亡？”

“死亡变得无足轻重……”

人类是唯一明白死亡终有一天会来临的动物，所以我们某些人沉浸在眩晕的焦虑中，从出生那一刻起，甚至从胚胎开始，我们一分一秒地走向死亡。生命就是死亡倒计时……古罗马人经常思考死亡，为了记录不可逆转的时间流逝，他们在日晷仪上刻着“Vulnerant omnes, ultima necat”，意思是“分秒伤人心，最后要人命”……伍迪·艾伦用另一种方式指出：“自从知道终有一天会死去，人再也无法泰然自若……”

为什么我们“需要”幸福？因为这世上有不幸，有死亡。有思想、有学识、身经生活历练的人，尤其清楚地领会到这一点。面对如洪水猛兽般的痛苦，唯有内心幸福的人才能不被压垮。死亡让人焦虑，然而，这种意识同时也赋予我们让生活变得幸福的可能。

就如普鲁斯特指出的那样，幸福不过是让我们忘记死亡的方式，或说是一种补偿，虽知死亡终将到来，依然可以无畏地活着。也许,这就是诗人保罗·克洛岱尔所说的“幸福不是目的，幸福是活下去的手段”。

塞西尔

在我的生活中，幸福时刻总是不期而遇，就像人们说的神圣惊喜。总是有一些未曾体验的事、场景或成功，意外的惊喜让人更开心。这些时刻让我感到很充实（这就是我的幸福剂量），充满希望，动力十足，不过也让人有些不知所措。幸福的降临，是生命的神秘，当我曾经有自杀念头的时候，我总是对自己说：“去探索，活下去，快乐的事会来临，你知道，你要相信这一点……”

幸福地活着，无惧死亡？

我并非麻木地活着，
我慢慢地走向
自然本真的快乐，
让我惊讶的是，
为什么死亡盯着我
而我却不去想死亡。

——马蒂兰 · 雷尼埃（Mathurin Régnier）

死亡是不得不做的事，几乎就如同是一道手续。

——马塞尔·帕尼奥尔（Marcel Pagnol）

死亡的好处就是可以躺着。

——伍迪·艾伦

“幸福地活着，等待死亡”

皮埃尔·德普罗热（Pierre Desproges）[1]的这句名言并不是玩笑（而且似乎作者在写同名小说的时候，就已经得知自己患上了癌症）。值得我们思虑的唯一一个重要问题就是：如果终有一天会死去，要如何活得幸福？

如果说幸福是一个普世的思考，死亡无疑是另外一个……死亡显然是困扰所有人的话题，对死亡的恐惧在于人类想要好好生存就不得不面对这个巨大挑战。让我们观察一下身边的人不同的心理应对方式。

有些人选择尽量不去想，逃避所有会引发联想的事物，这种方式我们称为“否认存在”……现代社会其实就是这种趋势，

1 皮埃尔·德普罗热，《幸福地活着，等待死亡》（*Vivons heureux en attendant la mort*），巴黎，Seuil 出版社，1983 年。

死亡不再是生命的一部分，人终归会在医院死去。所有人都竭尽全力以保“青春永驻”，年龄见长对身边的人和他们自己来说都是一种耻辱，是一种无法忍受的威胁。这是一种认为年轻就是好的“年轻主义”，在那些给退休老人看的杂志上，所有老人看起来不过40岁。

有些人成天想着死亡，才会有焦虑症和疑病症，天天担惊受怕，时时刻刻警惕着。这些病人会花费极大的精力探究身体，定期寻医问药。医生很清楚，疑病患者并非真的是为了治病（所以医生反而会疏远他们，这更让他们感到处于危险境地），而只是想无时无刻都要监察自己的健康。

第三类人会认真思考死亡问题，努力让自己更好地享受活着的日子，没有必要搞砸了在这世上的短暂旅程。对智者来说，越是清醒地意识到死亡和不幸的存在，就越懂得珍惜幸福。

最后的这种方式就是哲学家的方式。只不过他们各抒己见，缺乏统一言论，至少表面看起来是这样。蒙田写道：“哲学，就是学会死亡。”斯宾诺莎则主张：“智慧是关于生活而不是关于死亡的冥想。”仔细想想，这两种观点其实表达的意思很接近。

“任何时候探究哲理都来得及，任何时候感受幸福都为时不晚。”伊壁鸠鲁如是说。那么，幸福是否需要大智慧？也许，在丢失了童年的快乐本能之后，智慧是成年人获得幸福的唯一方式了。纪德曾说过，最理想的莫过于“自称幸福、懂得思考的人”。这并不矛盾，难道智慧不正是被定义为“明智至极，幸福至极”吗？[1]

应该反复阅读普鲁斯特……

在本段落的开篇，我们看到普鲁斯特站在人潮拥挤的路上，固执地想要整理记忆的碎片：“满眼是一片浓浓的天蓝色，清澈通透，让人眩晕的光线笼罩着四周，我渴望抓住这一切，却一步不敢动弹，直到回味起小玛德莱娜点心的香味，勾起心中所有的记忆，就这样，我一脚踩在略高的石板上，另一脚踩在略低的石板上，差点儿摔倒，引得拥挤的电车上的乘客们大笑不已。”

普鲁斯特没有等待幸福。他在寻找幸福，努力让幸福出现。他不在乎自己在路人的眼里是多么愚蠢可笑，任何理由都不会让他放弃对幸福的追寻。

捍卫幸福的权利，别让幸福的追寻被阻挠，学会创造幸福，这就是我们即将要探讨的内容……

---

1 A. 孔特－斯蓬维尔，《哲学辞典》。

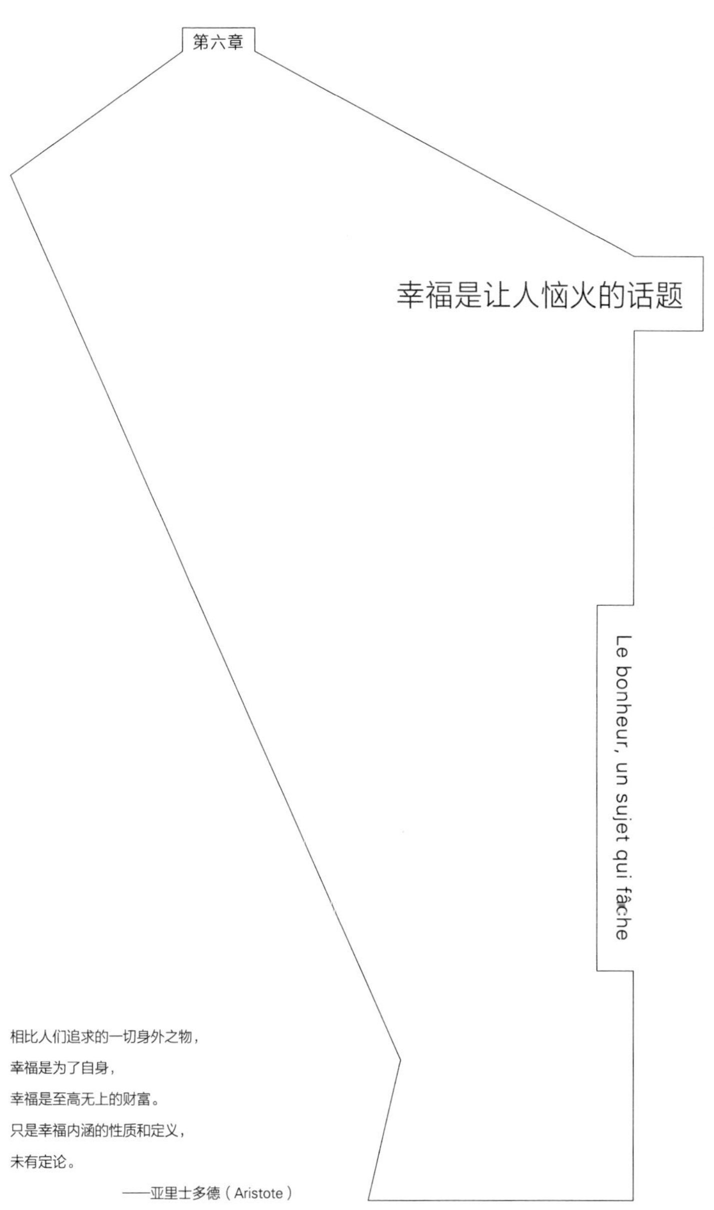

第六章

幸福是让人恼火的话题

Le bonheur, un sujet qui fâche

相比人们追求的一切身外之物，
幸福是为了自身，
幸福是至高无上的财富。
只是幸福内涵的性质和定义，
未有定论。

——亚里士多德（Aristote）

自从亚里士多德挑起幸福话题，两千年以来，这一话题的论辩就未曾停歇。

关于幸福，至今显然没有论断，主要分为两派观点，一边是和诗人保罗·艾吕雅（Paul Éluard）一样认为幸福真实存在，甚至是一种人生需求，而且人可以得到幸福："创造世界无须其他，幸福足矣。"另一派如哲学家埃马纽埃尔·康德，认为幸福"是一种理想，但不是理智的理想，而是想象的理想"。

也许除了爱情，幸福是古往今来被著书立说谈论最多的主题。而且，幸福挑起的激烈论战和针锋相对的观点，更甚于爱情……

西方幸福观历史简述

幸福也许是哲学的第一宗旨。[1]大部分古希腊罗马哲学家认为，幸福是至善（summum bonum）。甚至曾经有一个词专门指称探讨幸福的哲学（如今已过时不用）：幸福主义。这门存在很久、曾经风靡几个世纪的传统哲学，如今已被人遗忘……

幸福和基督教

公元386年，刚刚皈依基督教的圣·奥古斯丁撰写了早期著作《幸福生活》（*La Vie heureuse*）[2]。公元391年，基督教成为罗马帝国国教……

早期基督教认为，幸福只能来自上帝。人类不能寻求让自己幸福，只能努力得到幸福的资格："赢得幸福的权利，而不是幸福本身，即生命的意义。"[3]基督教试图用拯救的概念替代幸福的概念。所以，唯一的梦想天堂不可能存在于人类的生命中，只可能是在前世、来世或他世……

前世：神秘的黄金时代和伊甸园。圣·奥古斯丁的幸福思

1 P. 范登博斯（P.Van PEN Bosch），《哲学之幸福》（"Le bonheur en philosophie"），《人文科学》杂志（*Sciences humaines*），1997年75期，20—25页。

2 圣·奥古斯丁，《幸福生活》，巴黎，Payot出版社，2000年。

3 M. 孔什，《蒙田及幸福意识》，巴黎，PUF出版社，2002年，28页。

辨中曾多次巧妙地引用："幸福的念头从何而来？也许就在我们的记忆中，因为我们都曾经幸福过。"

来世：进入天堂的承诺，至少有人认为依靠自己的作为和祷告可以日后升入天堂。我们可以看到 19 世纪的乌托邦主义者和积极哲学家（圣 · 西蒙称"黄金年代就在眼前"），他们都采用了来世幸福的观点，歌颂道："资本主义旧社会将让位于一个社会联盟，在这个新社会里，唯有个人自由成长才有整个社会的自由绽放。"[1]

他世：让 · 德吕莫（Jean Delumeau）在令人激动的里程碑式著作《天堂的历史》（*Histoire du paradis*）[2] 中指出，中世纪的人如何坚信人间天堂没有消失，依然存在于东方世界的某个地方。直到 16 世纪，基督教徒仍然认为"祭司王约翰的王国"就在印度或中国。当时，有大量的作品都提到这个美好幸福的神秘国度："我王温厚仁慈，广迎各方来客。我民人人富足。此地没有偷盗，没有阿谀奉承，没有唯利是图，没有分帮结派……没有任何罪行得以横行这个国度。"[3] 但是，随着新大陆的发现，鲜有人再提这种观点，人们开始认为这个世界上不存在天堂。至少再也没有必要为了这个虚幻的乐土而长途跋涉……

1 J. 德吕莫，《黄金年代》（"L'âge d'or"），《新观察家》杂志（*Le Nouvel Obervateur*），第 36 期增刊《幸福使用手册》，1999 年，82—83 页。

2 J. 德吕莫，《天堂的历史》，巴黎，Fayard 出版社，1992 年。

3 同上，第 106 页。

这时，人们开始发现，幸福是一种个人的追求。而世人建议的世界观和人生观，似乎对此没有太大帮助。

于是，有人像帕斯卡尔一样悲观："我们渴望真理，苦苦追寻，却只有疑惑不定。我们追求幸福，却只看到苦难和死亡。我们无力再期待真理和幸福，我们既无法确信，也无法快乐。"[1]

而有人则像蒙田那样幸福："人生唯一的目的就是活下去，并享受生活。"

不管怎么说，直到16世纪，谈到幸福，在说教者眼中，远不如其他很多追求来得高尚，比如荣耀或拯救灵魂。[2]

幸福的革命

18世纪无疑是幸福主题最火热的年代。幸福主题的重要参考著作是罗伯特·莫齐（Robert Mauzi）的《18世纪法国文学与法国思想的幸福观》。作者莫齐是米歇尔·福柯和罗兰·巴特的朋友，他在书中展示了"在道德价值体系中，幸福取代'伟大'，成为终极辩护理由"，又如何成为一种"近乎强迫性的价值"。

---

1 摘自D.拉布安（D.Rabouin），《幸福成见》（"Du bonheur comme idée reçue"），《文学》杂志，2000年389期，29—30页。

2 R.莫齐，《18世纪法国文学与法国思想的幸福观》，巴黎，Colin出版社，1979年，15页。

幸福的地位上升，有几种解释：宗教伦理束缚减弱，经济飞速发展，以及16世纪欧洲宗教改革运动[1]以来对争取个体的自由意志和责任的影响。

而且，18世纪也是一个世界各地重要革命层出不穷的年代，不论在美国还是法国，我们看到幸福都是一个热门话题。

最后，18世纪还是一个启蒙年代，哲学和精神活动无比活跃，其中就有一部分幸福思辨。这个时代的所有伟大思想家都曾涉及幸福的话题，如伏尔泰（“唯一需要拥有的伟大事业便是幸福生活”）、卢梭（“大自然造就幸福善良的人，社会却把幸福剥夺，使他不幸”）、狄德罗（“人生唯一任务便是让自己幸福”）……不论是大师级作家或是名气略逊一筹的思想家，关于幸福的妙语箴言层出不穷，绝对是史无前例。

“我的所在即是人间天堂”，伏尔泰1736年的长诗《俗世之人》（*Le Mondain*）最后一句这样写道。这部作品鲜为人知，唯有这句名言家喻户晓。

美国革命也不忘幸福，《独立宣言》写道：“人人生而平等，造物主赋予他们若干不可让与的权利，其中包括生存权、自由权和追求幸福的权利。”

1794年，圣茹斯特在《革命与法国宪法》（*Révolution*

1　A. 比尔吉埃（A.Burguiere），《新思想》（“Une idée neuve”），《新观察家》杂志（*Le Nouvel Obervateur*），第36期增刊《幸福使用手册》，1999年，25—26页。

française et la Constitution）中曾有过著名言论："幸福是欧洲新思想。"人人享有幸福的权利，"让整个欧洲知道，法兰西大地上，你们不想再有不幸，不想再有压迫者；让这片土地上收获革命的成果，传播至善至爱与幸福。"[1] 可惜这些美丽的思想，伴着法国大革命中断头台上的铡刀声和拿破仑战争的轰隆声渐渐消散了……

不幸的浪漫主义……

"我们期待的幸福是什么样子？回答是：像不幸那样让人津津乐道。"[2]

19 世纪的浪漫主义使不幸变成一种优雅。"不幸不再是一种足以成为故事的心灵状态"，[3] 不幸变成一种神话，神秘感蔓延至今。忧郁渐渐成为高贵思想和伟大灵魂的特质之一。奉行积极主义的美国人会嘲笑我们，也许是因为文化传承的差异，美国人未曾经历欧洲旧大陆那样如火如荼的浪漫主义思潮。

---

1 M. 德隆（M.Delon），《萨德与卢梭：启蒙光环的边缘》（"Sade contre Rousseau : en marge des lumières"），《文学》杂志，2000 年 389 期，39—43 页。

2 D. 诺盖（D.Noguez），《生活之乐趣》（*Les Plaisirs de la vie*），巴黎，Payot 出版社，2000 年。

3 R. 莫齐，《18 世纪法国文学与法国思想的幸福观》，巴黎，Colin 出版社，1979 年，24 页。

于是，一边是肤浅空虚的幸福，另一边是深刻完美的不幸……

菲利普·德莱姆（Philippe Delerm）指出，幸福只不过太“轻”，“与重相对，而不是与深刻相对”，没有比这更一语中的的表述了。正是在19世纪，对幸福的仇恨出现了，尼采便是最佳范例，他是“软弱人类的终极代表”。公允地说，尼采这样伟大的哲学家，也是极端痛苦和不幸的。

不管怎么说，幸福似乎被排挤了。革命的巨浪夺取了幸福的地位，革命者如马克思等人都认为唯有取得政治自由，也就是说革命成功之后才能品尝幸福滋味。

不过，迄今为止，幸福依然占据榜首，只是经历了多次暴跌波折……

关于幸福的论战：
听到有人提“幸福”，我掏出了手枪……

你是幸福的，那么你做错了。

——菲利普·德莱姆

“幸福：愤怒控诉。”福楼拜在《庸见词典》（*Dictionnaire des idées reçues*）中这样开篇，而我们也将看到，这位大家有多个幸福问题要解决……

幸福主题总能引发热情回应或是强烈抵触。我承认曾经险些和一些朋友闹翻，就因为我告诉他们我在写一部关于幸福的书。有些朋友甚至企图把我踢出朋友圈，因为我胆敢涉及这个自命不凡的庸俗主题。

尤其在那些蔑视幸福的人眼中，幸福是一种激情的东西，是不理智的。不断有人抱怨，而我乐在其中，甚至列了一份“幸福七宗罪”清单……

第一宗罪行：幸福使人萎靡不振、庸碌无为

波德莱尔在写给朱尔·雅南的信中，愤怒地说道：“您是幸福的人，先生，如此轻易地感到幸福，您可真可怜……难道真的要低下头才会幸福？比起您的幸福圆满，我觉得我的糟糕心情更高贵。”[1]

福楼拜也不乏指责：“有些中产阶级的满足让人恶心，那些庸俗的幸福令我厌恶。”

强烈担心庸俗，也许是对幸福的一系列批判中最主要的一项。这种态度恰恰暴露了某些人的无能（“我感觉不到幸福”）和傲慢（“我比别人高一等”），才会有这样的价值判断（“所以

1 Y. 勒克莱尔（Y.Leclerc），《福楼拜：愚蠢的幸福》（“Flaubert : le bonheur dans la bêtise”），《文学》杂志，2000 年 389 期，52—55 页。

那些人自称幸福都是凭借庸俗的理由”)。

严格地说，这种批判其实揭示了三个不同的关系：幸福与自满、温柔、创造的关系。

幸福会导致自满？为什么不可以呢，而且又是什么原因会变成这样？难道痛苦和忧郁就比幸福和舒适感更高级？性情乖戾的人也可能心胸狭窄、狂妄自大……

“我觉得幸福和温柔之间不无关系。”散文作家帕斯卡尔·布吕克内（Pascal Bruckner）在《经常性欣快症》中这样写道。[1] 幸福确实是一种中庸的衡量，介于忧虑和狂喜、专注和开放之间……但是这取决于我们对中庸之道巧妙平衡的看法：“中庸也是一种极端，只不过是向上的极端，攀登顶峰，追求完美，如同位于两个深渊或峭壁之间的山脊。”[2] 幸福的艺术，是平衡的艺术，而不是平庸的艺术。

谈到幸福与创造的关系，对普鲁斯特来说，幸福“有益健康，但是忧伤加强了思想的力量”。幸福的形象变得传统，舒适感让生活枯燥无味、迟钝麻木，痛苦才具有创造性。让－雅克·卢梭的《新爱洛伊斯》(*La Nouvelle Héloïse*)中，卢梭对女主角朱莉说：“到处都是心满意足的人，我很不满意……我太幸福了，幸福让我感到乏味。”

1 P. 布吕克内，《经常性欣快症》(*L'Euphorie perpétuelle*)，巴黎，Grasset 出版社，2000 年。
2 A. 孔特－斯蓬维尔，《哲学辞典》。

但是作为一名心理治疗师，我看到太多人遭受折磨，对创造性其实毫无帮助（一旦战胜痛苦，创造性随之而来），我实在无法原原本本地接受这种观点。我觉得持这种观点的人似乎混淆了安宁（不为得失烦恼）和厌腻（不再有欲望或动力）。心境安宁，不会令人消沉，而是懂得取舍。对人类来说，除了物质需求和排解痛苦的推动之外，仍有其他动力。

第二宗罪行：幸福使人自私

“他很幸福，再不操心这个世界。”由此，居斯塔夫·福楼拜描绘了一个普通人夏尔·包法利，他深爱着妻子，妻子却不快乐、不满足。

因为幸福需要一定的自我意识，幸福带来安宁的感觉，所以人们会认为幸福让人变得自私。的确，如同卢梭所说：“幸福更贴近真我。”但是这种真我绝不是自私。

大部分针对这一论题的科学研究，都获得相反的结论：[1] 积极的情绪让人更加关注身边事物（“关注点对外”），消极情绪则相反，使人更关注自身（“关注点对内”）。

研究还指出，幸福感会增加各个领域的无私行为：相信幸

1 C. 斯蒂基特（C.Sedikides），《心情作为注意力焦点的决定性因素》（“Mood as a determinant of attentional focus”），《认知与情绪》，1992 年 6 期，129—148 页。

福的志愿者，如果请他们回忆美好往事或是让他们在游戏中获胜，将有助于他们在献血过程中更加积极主动，[1]或是增加对慈善机构的捐赠。[2]有意思的是，这些与幸福感有关的无私行为并不是一种“牺牲”，也不是为了减轻负罪感。无私行为同时也让人更加关注自己，幸福感越强，越乐于助人，同时也能赢得更多的关注和尊重。[3]

虽然有大量研究数据，但是仍有一种强大的传统观念坚持反对幸福：这个世上有那么多不幸，你怎么还能感到幸福？让·阿努伊的剧中女主人公说道：“我闭上眼睛，竭力欺骗自己，但无济于事，总有狗从那个角落跳出来叫嚣，让我无法感到幸福。”[4]这种批判暴露出几个问题：如果没有超级助人为乐的意识，是否难以感到幸福？有时人是为了证明没有能力感到幸福，而原因因人而异？还有一个根本性的疑问：幸福需要证明吗？以及与上帝的存在有关的问题：如果上帝真的存在，如何解释上帝能够容忍不幸和苦难，恐怖和不公？传统基督教因此备受质疑，甚至不得不求助于哲学家莱布尼茨的“神正

1　M.N. 奥马利、L. 安德鲁斯（M.N.O'Malley,L.Andrews），《心情对帮助他人的作用》（“The effects of mood and incentives on helping”），《诱因与情绪》，1983 年 7 期，179—189 页。

2　A.M. 伊森、P. F. 默万（A.M.Isen,P. F. Mevin），《助人为乐时愉悦感的作用：小点心和友善》（“Effects on feeling good on helping：Cookies and kindness”），《人格与社会心理学》杂志，1972 年 21 期，384—388 页。

3　D.J. 博曼（D.J.Baumann）等人，《无私的享乐主义：帮助他人获得快乐》（“Altruism as hedonism：Helping and selfgratification as equivalent responses”），《人格与社会心理学》杂志，1981 年 40 期，1039—1046 页。

4　J. 阿努伊，《野蛮人》（*La Sauvage*），巴黎，Gallimard 出版社，1972 年。

论”——一套证明上帝存在并仁慈面对这个世界的邪恶的理论。所以，是否需要创造另外一个新概念——“幸福公平论”，来证明幸福的存在和幸福的好处?

第三宗罪行：幸福让人焦虑和不幸

持这种批判的人认为，幸福的权利变成幸福的义务。本是合乎愿望的事，不知不觉中变成一种让我们不得不为的事，并背负上另一层束缚和压制。“欣快症绑架”[1]将成为外貌控和成就控之外的另一种强迫症。

还是用福楼拜的话佐证：“幸福：你是否思考过这个可怖的语词令多少人为之落泪？若无幸福一词，睡梦更安详，生活更惬意。”莫里斯·梅特林克（Maurice Maeterlinck）更消极地说：“想要幸福，就必须克服幸福造成的焦虑。”

的确，想要幸福生活，就必须接受幸福是断断续续出现的，不处于生活中心却是生活的核心。幸福是目标，而不是强迫症式的困扰。只有这样，幸福才能绽放，幸福才能成为一种无可争议的需求而不是奴役。就连萧沆这样无可救药的消极主义者，在幸福和不幸的困扰中犹豫不定之后，也会得出这样的结论：“幸福和不幸都让我不快乐。既然如此，为什么不选择前者？”

1 P. 布吕克内，《经常性欣快症》，巴黎，Grasset 出版社，2000 年。

第四宗罪行：幸福的念头是徒劳的，幸福是虚幻的假象和谎言

“不必害怕幸福，因为不存在幸福。”作家米歇尔·维勒贝克（Michel Houellebecq）的所有作品都在尽力说服读者：人类不可能获得幸福。[1]他的每一部小说都是悲剧，认为唯有爱情可以接近幸福，而爱情最终令人悲伤。维勒贝克笔下都是被阻挠的幸福，他的小说《平台》（*Plateforme*）有这样一段对话：

“他语重心长地说，幸福是件很微妙的事，我们很难找到幸福，别人更不可能幸福。几分钟后，他又口气严肃地说，可悲的尚福。利昂内尔崇拜地看着他，觉得他魅力十足。我觉得这句话很值得推敲，或者说是我们不可能幸福，别人也很难幸福，也许就更接近现实。但是我不想再继续讨论，我肯定会再绕回来。”[2]

关于幸福，维勒贝克认定：幸福不可能达到，只有爱情可以带来幸福。他认为，我们的求知欲和渴望独立，与幸福背道而驰，尤其是女权运动之后的一代女性：

“毫无疑问，她们自断了幸福之路，若要运用理智，则根本无法幸福，两者毫不兼容。但是她们仍然渴望摆脱令前辈们

1 M. 维勒贝克，《活着》（*Rester vivant*），巴黎，Flammarion 出版社，1997 年。
2 M. 维勒贝克，《平台》，巴黎，Flammarion 出版社，2001 年。

痛苦不已的感情和道德折磨。”[1]

幸福的追求最终将是痛苦和空虚。如弗朗索瓦·莫里亚克所说：“有一些人疯狂追求幸福，仿佛因为他们很不幸，而事实上他们的确很不幸。”除了所谓的“幸福不可能”，这些观点尤其让我们想到很多人感觉到了幸福，并试图让幸福追求之路具有普世价值，但是达到幸福或品味幸福却极端“困难”。

第五宗罪行：幸福变成不可避免的市场营销手段

市场营销行业对幸福概念的利用，也许是当今社会最令人气恼的滥用。美国作家亨利·米勒（Henry Miller）在 1954 年明确地提出“空调噩梦”，用来指战后初期出现的极其追求物质享受的“美国生活方式”（如今也成为法国人的生活方式）。我们可以想想，空调对生活到底意味着什么，没有空调的噩梦会不会同样痛苦难忍。

广告大肆允诺产品将带来幸福，宣传各种虚假的获得幸福的方式，其实是令人厌恶，甚至是有害的。

但是，不要因为烦恼而放弃追求幸福，应该去纠正幸福之路上的偏离（我们在上文曾经谈到商品化的幸福、广告中的幸福），不是不说、不做甚至不思考幸福。

1　M. 维勒贝克，《基础微粒》（*Les Particules élémentaires*），巴黎，Flammarion 出版社，1998 年。

第六宗罪行：幸福是新型的“人民鸦片”

幸福是危险的吗?

第一种可能的危险：“被压迫的穷人，幸福只存在脑海里。接受现实吧，调整你们的期盼，别想着改变现状。”如果幸福不依赖于财富和社会地位，那么就没有必要抢夺有权人士的地位，或是剥夺他们的权利。幸福会是新型的“人民鸦片”吗?只要幸福就可以消除革命、反抗以及所有的批判了吗?懂得掌控幸福，就更懂得融入社会，这种观点暗藏着知足常乐的意识形态。2002 年诺贝尔文学奖得主凯尔泰斯 · 伊姆雷曾用“幸福陷阱”来描述放弃幸福的消极心态。[1] 兰波也曾说过：“幸福是祸患。”不过，艺术创造中的某些真实却未必适用于政治诉求。关于幸福，我们无法长久地欺骗，如果说一个不幸的民族没有奋起反抗，那是因为恐惧，而不是因为觉得自己足够幸福。

第二种可能的危险：“必须让人民幸福，就算他们毫无要求。”大部分独裁政权宣称致力于为民众创造幸福，但往往是一种长远的计划：“只要我们承诺了给他们幸福，他们就可以忍受获得幸福前的那些痛苦，甚至是血淋淋的苦难……”而今天，我们知道，这种承诺不过是一种空谈。很多文学科幻

1 摘自 M. 瓦森杜夫的一篇采访,《医学影响》(*Impact Médecine*)13 期,2002 年 10 月 25 日,72—73 页。

小说也描绘了不远的未来，借助于某些化学物质，幸福指日可见，比如赫胥黎的《美丽新世界》(*Le Meilleur des mondes*)、艾拉·雷文（d'Ira Lewin）的《无法忍受的幸福》(*Un bonheur insoutenable*，作者曾著有《罗斯玛丽的婴儿》)。民主主义政权则更倾向于赋予民众舒适感，而把幸福留与民众自己去追寻。这种思路很智慧……

第七宗罪行：幸福是粗俗的

前六种指责都是基于体面并且可以接受的理由，它们所指出的幸福罪行大部分真实存在，足以警示人们在追求幸福时避免误入歧途。不过，所有对幸福的指责背后隐藏着一种原因：幸福以及追求幸福，是不体面的甚至是粗俗的。只有平民和小中产阶级才觉得幸福是好事……

为什么会有这样的念头?

幸福与阶级差异

> 唯有讲的笑话引人发笑，有人回应，
> 才让人感到幸福。
>
> ——朱尔·勒纳尔

认真的读者会想起在本章的开篇曾提及，福楼拜憎恨幸福。他的朋友马克西姆 · 迪康则因此指责他："你手上握着足以幸福的所有东西，但是你却不幸福。"福楼拜自己也承认："我也想不明白，为什么我生来就与幸福格格不入。"从包法利夫人身上的所有积习可以窥见福楼拜的幸福困难（而福楼拜也承认"包法利夫人就是我"）："她想，这份爱情本应带来的幸福没有到来，她一定是被欺骗了。艾玛试图通过'幸福''激情'和'陶醉'这几个词来探究生活的期待，这些词在书中显得如此美好。"

中产阶级的幸福（福楼拜唯一可以近距离观察的人群）是福楼拜创作的重点对象，很多作家都分析和描述过平民百姓的幸福。人类学家皮埃尔 · 桑索（Pierre Sansot）的作品《微不足道的人》（*Les Gens de peu*）[1] 重申并强调了"弱势平民"追求幸福是一种"高尚行为"，法国国庆舞会、环法自行车赛、家庭聚餐、野营度假、做手工活儿……"比起优柔寡断、笨拙迟钝、滑稽可笑、举手投足做作扭捏，老百姓们更能体现出高贵。"那么，不同的社会阶层是否有不同的幸福？不同幸福之间的区别，是否又能部分解释幸福观与幸福模式的变化？让我们再回顾一下上文提及的幸福观的若干历史标志点，只不过这次我们将从阶级差异的视角进一步进行探究……

---

1 皮埃尔 · 桑索，《微不足道的人》，巴黎，PUF 出版社，1991 年。

幸福观历史的三个阶段

第一阶段：古希腊罗马至文艺复兴时期，幸福是高贵的，是智者、哲学家、文人和贵族们的专属，而享乐则是世俗的（面包和马戏足以让老百姓开心快乐）。

第二阶段：18 世纪法国大革命和美国独立战争，宣扬幸福是一种权利，且人人享有幸福的权利。幸福必须分享。

第三阶段：自 19 世纪起，幸福变得粗俗，而享乐反而高贵，至少在某些人眼中如此。人文历程中，全民追求幸福以及个人的发展，得到史无前例的发展，但是也因此遭到精英知识分子越来越频繁的批判。尼采认为："我们发明了幸福，那些人说完就眨了眨眼。"才华横溢的纨绔子弟奥斯卡·王尔德说："我从不追求幸福，谁要幸福呢？我要的是快乐。"安德烈·纪德（André Gide）也注意到这种现象："快乐是粗俗的，是那些身强力壮的人的标志……忧郁只属于有睿智的深刻的人。"

幸福与社会地位

放弃幸福，难道是因为幸福成为平民百姓的追求？听起来很无聊……但最近的几个实例恰恰证明了这一点。这几年在法国，大家注意到相当多的所谓"文艺"媒体纷纷批判菲利普·德莱姆（Philippe Delerm）和他的书，比如《第一口啤酒》（*La Première Gorgée de bière*），因为他笔下描述了不分贫富贵贱或文化差异、所有人都可获得的日常生活乐趣。

甚至还有对热内的电影《天使爱美丽》（*Le Fabuleux Destin d'Amélie Poulain*，2001）的疯狂抨击，[1] 这部电影以梦幻般的手法讲述了一位少女的故事，她的梦想就是让身边的人幸福。

那么，所有这些抨击是针对德莱姆的书或《天使爱美丽》这部电影，还是针对它们获得的巨大成功（吃不到葡萄说葡萄酸）的？不管怎么说，这恰恰说明幸福和各种幸福观是各类笔法论战中最精彩的主题之一……

根本问题也许在于，幸福掩饰了人与人之间的差异。因此，关于幸福的小说鲜见有成功的，[2] 因为小说需要鲜明的人物个性。幸福人人相似，苦难各有不同……至少这是某些力图与平民百姓划清界限的文人的想法。当然，所有人都渴望得到承认和肯定，有些人需要人们认可他属于某个团体（和别人相似），而有些人则必须认可其独特性（不同于别人）。[3]

或是在一个社会，幸福追求被过度捧高，建议人人都要

---

1 《为什么那么多人恨爱美丽？为热内的电影辩护》（“Pourquoi tant de haine pour Amélie ? Les lecteurs de Libé défen-dent le film de Jeunet”），《自由报》（*Libération*），2001 年 6 月 3 日 6235 期，2—4 页。

2 B. 坎诺内 (B.Cannone)，《文学里的幸福》（“Le bonheur en littérature”），《人文科学》杂志（*Sciences humaines*），1997 年 75 期，38—41 页。

3 T. 托多罗夫（T. Todorov），《别人的目光》（“Sous le regard des autres”），《人文科学》杂志，2002 年 131 期，22—27 页。

幸福，于是那些追求独特个性的人不得不批判幸福，抛弃幸福……

关于幸福的成见未必如我们所见……

> 追求生活幸福，
> 这才是叛乱的真正核心。
>
> ——亨利克·易卜生

“当然，人人有权利无视自己的幸福，但如果是嘲笑（有时甚至是嘲讽）别人的幸福，虽然不一定显得邪恶，却一定会看起来愚蠢。愚蠢会消减幸福。”[1] 难道要像在食堂那样大喊“你自己不喜欢吃，也没必要让别人觉得恶心”？

狄德罗说，所有的幸福理论仅仅描述了幸福的人的故事。不过更确切地说，是否同样应该借鉴那些对幸福的批判？对持幸福论的文人来说（幸福主义：将幸福视为至高无上的美德），对幸福观保持缄默，要么出于谨慎，要么出于内心的惧怕？也

1 P. 卡雷（P.Carré），《皮浪，废除一切存在》（“Pyrrhon：abolir tous les étants”），《文学》杂志，2001 年 394 期，25—27 页。

许对有些人来说，在追求幸福的道路上备受挫折，还不如提前放弃？又或是出于难以启齿的嫉妒？那些“从来不懂得幸福，也接受不了别人幸福的人”，[1]到底相信什么？我们伟大的福楼拜先生，他一辈子对幸福口诛笔伐，到了晚年忏悔道：“年轻时我是个懦夫。我害怕生活。如今我自食其果……”

反幸福言论的颂扬者似乎是为了证明其反幸福的立场，积极反抗专制独裁，或者仅仅是追随潮流？反幸福浪潮如此汹涌，却又格外愚蠢，因为他们依然推崇某些支持幸福的论著。在我看来，这股浪潮未必有用。那些教人别追求幸福的书，有些的确很有意思，大受欢迎，例如最近的这本《如何通过十二堂课把生活搞得一团糟》（*Comment rater complètement sa vie en onze leçons*）[2]，但是这些书到底传递什么信息？哲学家罗歇-波尔·德鲁瓦（Roger-Pol Droit）[3]公允地指出，“问题显然在于，这些富人的玩笑话是否真的会夺走不幸的人哪怕一点点的幸福？因为历史的重轮注定了他们不会幸福……”同样，“千万不要追求幸福”的懦弱话语，就像是一种老套刻板、枯燥乏味的成见，难道它不是正在逐渐成为当代社会的一块又甜又腻的巧克力蛋糕？

1　阿兰，《言论》（*Propos*），巴黎，Gallimard 出版社，1956 年。

2　D. 诺盖，《如何通过十二堂课把生活搞得一团糟》（*Comment rater complètement sa vie en onze leçons*），巴黎，Payot 出版社，2002 年。

3　R.-P. 德鲁瓦（R.-P.Droit），《萎靡不振，一事无成，含糊不清》（“Le mou, le raté et le flou”），《书的世界》（*Le Monde des livres*），2002 年 1 月 18 日，8 页。

我想起曾经出席过一场关于幸福的讲座。[1]当时受邀嘉宾是一位哲学家、一位心理分析师和一位理论家。毫无疑问，他们批判追求幸福的观念，一开始气氛融洽，没有人发火抗议。但是，到了台下观众传递问题小卡片上台的时候，主持人就尴尬无比了……

很多观众的问题都透露出一种愤怒，大致都在问："您自己遇到过关于幸福的问题吗？不然为何要反对追求幸福？"主持人和嘉宾连忙缓和气氛，赶紧解释说他们不是反对幸福，而是不满幸福的责任……

最后说到电视真人秀里的那些"真人"（指那些非明星非记者的上镜名人），他们不管身份地位，不必考虑形象，他们都喜欢幸福和幸福的思想。

那么，这种实实在在的渴望，到底该如何界定？显然不是全盘否定，而应是去伪存真。与其徒劳无功地抨击幸福，不如思考实在的问题，尤其是关于幸福模式的问题。想想我们争论和试图改革的这一切到底是真幸福还是假幸福？首先要探讨的显然是实现幸福的方式……

1 巴黎星形教堂宣道会，巴黎，2001 年。

第三部分

构建幸福

幸福面前，并非人人平等。

如同拥有财富（生活幸福也是一种财富）一样，幸福里也有穷人和富人，有天才学生和笨学生，有收获满满的生活，也有一无所有的日子……

所以，我们必须要在此阐述追求幸福和找到幸福的可能性。幸福之路没有固定的教条或可靠的方法可以沿用，不过有方向指导，每个人可以根据自己的需要来借鉴。

先从两个根本问题开始：如何避免让自己不幸？如何循序渐进地提高幸福的能力？

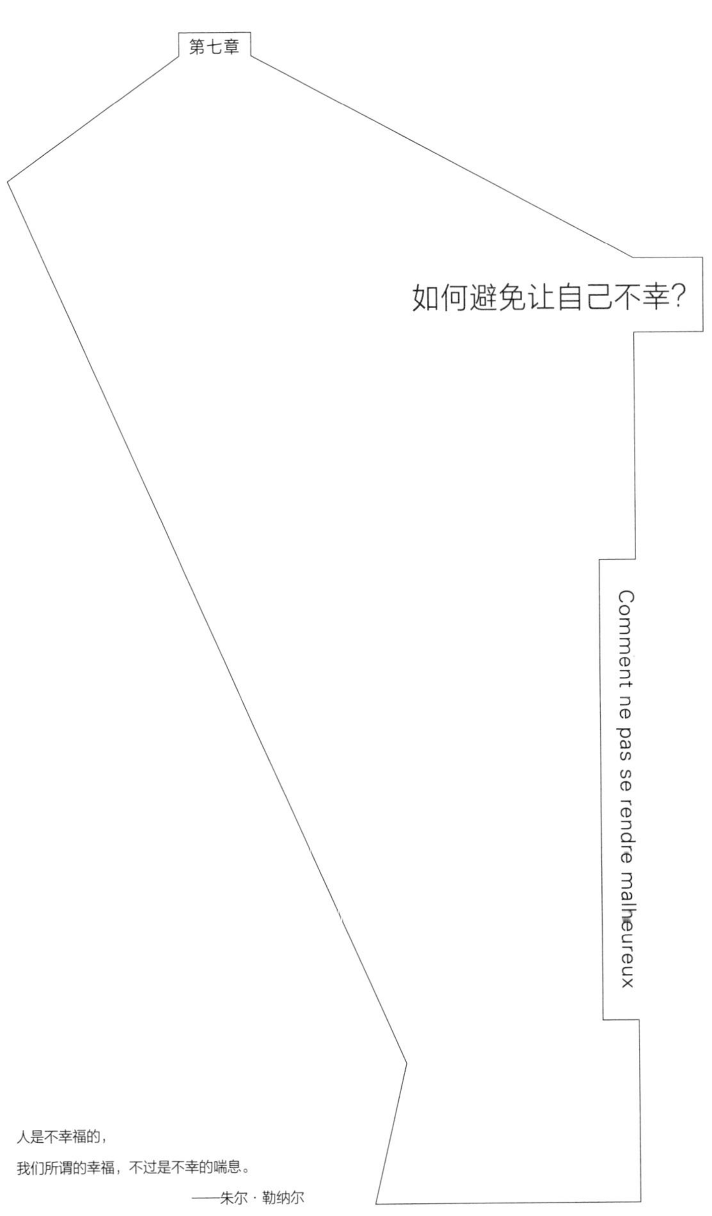

第七章

如何避免让自己不幸？

Comment ne pas se rendre malheureux

人是不幸福的，

我们所谓的幸福，不过是不幸的喘息。

——朱尔 · 勒纳尔

在法语中，“不幸”一词包含两层含义，既指让人备受打击的不幸处境（外部），也指内心流淌的苦痛（内部）。有些不幸的折磨过于痛苦（生离死别、疾病疼痛、家庭不幸、暴力恐惧等），主观因素变得微乎其微。这时的人深刻感到不幸，会思考如何走出痛苦的问题：如何渡过难关，重塑生活？在此，我们不再复述第二章中提及的巨大不幸，而是会更多地关注主观因素——我们制造或加强的不幸以及应对不幸的方法。

当然，我们渴望幸福，但有时候，首要问题仍是如何避免“忧伤”、不知缘由的忧郁和忧愁。对大部分特权阶级来说（例如21世纪的西方人），阻挠幸福的最大障碍往往不是“真正的不幸”，而是日常生活中的各种伤害：心情糟糕、烦恼忧愁、愤怒不满……

如何才能抵抗这些源源不断的烦扰，这些总是顽固不散的淡淡不幸感？如何才能只在必要的时候才启动这种感觉？因为有时候，我们自己就是不幸的始作俑者……

不幸的诱惑

生活是一家又小又破又贵的餐厅，
而且说关门就关门。

——伍迪·艾伦

阿梅莉

我不是生活，而是存活。我不享受生活，总是觉得难过，感觉不到幸福。总是有这样那样的事，让悲伤萦绕脑海。总是有不幸来骚扰。更糟糕的是，我觉得不幸其实是我自己造成的。我对自己说，我就是不幸的人，整天闷闷不乐，不知不觉变成怨妇。有时候不明不白就觉得难过。有时候就只因为某一件事引发，但是一发不可收拾。不管怎样，我感觉自己抗拒不了忧郁情绪，就好像在脑子的某个角落有一座小作坊，不停地在制造不幸……

很多书都谈到不幸倾向，也往往嘲笑这种心态。帕罗奥多（Palo Alto）学院的历史性人物、心理治疗学家保罗·瓦兹拉威克（Paul Watzlawick），曾经在20世纪80年代写过一本饶有趣味的书《自作孽》(*Faites vous-mêmes votre malheur*)[1]。书里关于这个话题有说不完的内容，心理治疗诊所每天都能看到各种难以摆脱不幸感的人。

那么这种“不幸的诱惑”到底是什么？主要可以看到两种现象：

- 一种是情绪上的不幸感，习惯性沉溺在忧郁中（心理治疗师称为“忧郁性情”）；
- 一种是心理上的不幸感，夸大日常生活中的烦恼或挫折。

第一种现象与脾气秉性有关，积极的“好脾气”或消极的“火爆脾气”，不同的情绪基调影响精神状态。最新研究表明，大部分人都需要借助努力才能抵抗负面情绪，[2]而且这并非易事。就算自己知道“不应该”，但总会等到整个人都消沉，才开始努力摆脱忧郁。

第二种不幸倾向主要源于心理因素，这样的人一有阻碍就觉得毫无希望，遇到挫折就认定彻底失败，稍有不顺就觉得天塌了……这种主观夸大日常烦恼的情况，在很多焦虑症和忧郁症患者的研究中都有分析，不仅如此，研究还指出这些心理因素在“普通人”身上也存在，并且会影响幸福感的感知，加剧紧张情绪。

---

1 P. 瓦兹拉威克，《自作孽》，巴黎，Seuil 出版社，1984 年。

2 M. 穆雷文（M.Muraven）等人，《有限资源的自我控制：自控能力消耗模式》（“Self-control as a limited resource：Regulatory depletion patterns”），《人格与社会心理学》杂志，1998 年 74 期，774—789 页。

为什么我们更容易不快乐?

哲学家阿兰(Alain)常说:“悲观主义是一种脾性,乐观主义则是一种意志。”我们可以很轻易就不快乐,也不耗费精力,而战胜不快乐却需要调动心力。保持幸福感,通常都要付出努力。

要解释这个现象,首先有个人原因:不同的人感受良好情绪的能力差别很大。有些是天生的(称为性格),大部分则是心理因素(家庭教育或生活环境养成的情感习惯)。

同时也有一些人类独有的原因:人类进化似乎使我们更容易陷入忧伤,目的是为了增加生存的机会。[1] 焦虑使人对问题更加敏感,害怕激发逃生或打斗的本能,愤怒震慑敌人或对手,忧伤吸引群体成员的同情和关注,增进团结……

但是,即使大自然曾经操心过我们的生存,但却从未在乎过我们的生活质量。好心情总是转瞬即逝,要花费心思才能得到。感觉开心可以说是一件奢侈的事。人类的进化只关注人类生存,却未曾在乎个体生活是否舒适,也没想到过人类会遇到这样的问题。

所以说想要幸福往往需要“做功课”……

---

1 M.麦吉尔克、A.特罗伊西(M.McGuire,A.Troisi),《达尔文精神病学》(*Darwinian Psychiatry*),牛津,牛津大学出版社,1998年。

为什么要抵抗不幸的诱惑?

那么，到底为什么要这么费劲?为什么不顺其自然、随心所欲?

的确，为什么不呢?自19世纪浪漫主义潮流以来，忧愁也可以是一种享受，甚至连不幸也有了一丝丝高贵的气质。而且有时候，精神折磨能激发一定的创造性。当然，实事求是地说，焦虑和不幸更多的时候让人萎靡不振，而不是动力满满。[1] 根本问题显然在于度的把握。如果负面情绪和不幸感偶尔出现，短暂而不持久，不至于过分影响日常生活，我们的确可以等坏情绪自己慢慢消退。但是不幸感往往隐含着某些隐患，心理学已开始对此深入研究。

第一种危险：放纵随性使不幸感更长久

任由不幸感爆发蔓延，会使不幸比我们认为的更长久。以前，我们相信情绪发泄有好处：发泄减轻攻击性，抱怨缓解痛苦。但有时也可能截然相反：无休止的抱怨，得不到问题答案的迷茫（就像某些人的生活，甚至某些精神治疗），会把人变成生活的牺牲品。参加或观看攻击性游戏或运动，会加剧攻击行为。不幸滋生蔓延，越是放纵随性，不幸感越久。

1　C. 沃德尔（C.Waddell），《创造性与精神创伤：是否真有关联？》（“Creativity and mental illness：Is there a link？”），《加拿大精神病学》杂志（*Canadian Journal of Psychiatry*），1998年43期，166—172页。

第二种危险：放纵随性加剧不幸感

任由自己沉浸在不幸感中一发不可收拾，会由情绪（我不开心）上升到人生观问题（我的生活是不幸的）。这就是认知学派称之的“情绪的推理”：如果我“感到”忧伤，即使没有确切的、有根据的缘由，也让我觉得我的生活，甚至是生活本身“就是”悲伤的。

最近的一项母子互动研究[1]，证明了情绪对世界观的重要影响。99 位母亲受邀到心理实验室接受测试：她们需要和自己 2~5 岁的孩子一起在实验室里度过两次，每次 15 分钟的时间。第一次实验对母亲没有任何要求，她可以和孩子随意玩耍；第二次要求母亲和孩子一起解答一个数学问题。不过两次都要求孩子一定不能触碰实验室墙角的玩具。显然，第二项任务让妈妈感到更有压力。每次实验结束，研究员请母亲评估自己的情绪状态以及和孩子的整体关系。

实际上，母亲对亲子关系的评判，取决于母亲当下的情绪，而不是她们的性格或孩子在实验中的实际行为。母亲越紧张，她越容易认为孩子折磨人，惹人生气。母亲感受到的情绪，和孩子的行为一样重要。之前的其他研究也发现这种现象：母亲越是焦躁不安（负面情绪），对待孩子的态度越不

1 R. 魏斯、M.C. 洛夫乔伊（R.Weis,M.C.Lovejoy），《日常生活的信息：情绪对亲子互动中母亲行为态度的影响》（“Information processing in everyday life：Emotion-congruent-bias in mother's report of parent-child interaction”），《心理治疗与临床心理学》杂志，2002 年 183 期，216—230 页。

耐烦。[1]

如果说一位母亲随机的情绪状态会影响她对孩子的态度，那么还有什么不能被影响？

第三种危险：放纵随性使不幸感反复发作

最后一种危险在于，忧伤会卷土重来，这种现象常见于抑郁（非常容易复发），表现为整天闷闷不乐。一旦被一种情绪深刻影响、长久控制，就很容易在类似的场景中复发，甚至微不足道的小事也会使其一触即发。

认知心理治疗师称为“认知转移”，即为越来越微小的事发怒。[2]任由糟糕情绪爆发，容易致使坏心情反复发作，变成一种压倒一切的“习惯性心情”。

用拉丁诗人泰伦斯（Térence）的话[3]，我们已沦为“自己的刽子手”。所以，在此有一个由衷的建议：每一次都尽可能不要消极、抱怨或钻牛角尖，别让糟糕情绪和郁闷心情侵占心灵的大部分空间。

---

1 E. 扬斯特龙（E.Youngstrom）等人，《母亲焦躁情绪与亲子关系》（“Dysphoria-related bias in maternal ratings of children”），《咨询心理学与临床心理学》杂志，1999 年 67 期，905—916 页。

2 Z.V. 西格尔（Z.V.Segal）等人，《复发性情感障碍的导火索和敏感点的认知学探究》（“A cognitive science perspective on kindling and episode sensitizations in recurrent affective disorders”），《心理医学》杂志，1996 年 26 期，371—380 页。

3 叔本华，《幸福的艺术》（*L'Art d'être heureux*），巴黎，Seuil 出版社，2001 年，56 页。

抱怨，忧伤，郁郁寡欢：笼罩住幸福的迷雾……

让娜

有一段时间，每天醒来，我都感到这肯定是糟糕的一天。满脑子是悲伤和焦虑，感觉自己就像是一台巨大的忧伤接收器。在地铁里，我觉得一车的人都不快乐，和我一样过得惨淡，所有乞丐都让我感到心碎……我要是不给自己打点儿鸡血，就会一整天闷闷不乐，一天之中必须至少有个好消息。以前，我会让自己沉浸在飘忽不定的忧郁里。现在，我再也不愿意沮丧消沉，我受够了……我现在生活的目标，就是克服忧郁，不接受、不屈服、不被压倒。为什么要这样？真的有好理由值得郁郁寡欢吗？

如何准确地定义忧伤？词典中的解释是“平静而痛苦的状态”，“说不清楚原因的不适，使人无法享受当下的生活”。[1] 在所有语言文化中，都有大量指称忧伤的词语：法文的 cafard、morosité，英文的 blues、spleen，葡萄牙文的 saudade 等。

这些状态通常都是各种精神恍惚、心郁沉闷。有很多针对“情绪调节”的科学研究，[2] 研究调控情绪的机制。情绪对幸福

1 《小罗伯特辞典》(*Le Petit Robert*)，巴黎，Dictionnaires Le Robert 出版社，1990 年。
2 D. 沃森，《情绪与气质》(*Mood and Temperament*)。

具有至关重要的作用。我们在第三章中谈过积极情绪，现在该说说影响更大、变化更多的消极情绪了……

要为忧郁鼓掌吗?

以前，人们认为身体的疼痛可以忍受，毕竟是人就免不了疼痛，疼痛甚至可以使人成长。相比今天的医生，过去的医生更多地会任由病人忍受疼痛，不完全是因为缺乏治疗手段。比如，医生对给癌症晚期病人使用吗啡镇痛总是很谨慎。

如今，我们承认，疼痛并不使人成长，相反，镇痛药（缓解疼痛的药）能让人更有效地应对疼痛，也能使自尊心得到保护。对精神痛苦的治疗认识尚未经历这一过程。长久以来，我们一直低估忧郁的伤痛，也低估了焦虑症的严重性。如今，情况已不能再拖延，可是仍然有人宣称身体疼痛是一种德行，甚至还有治疗师认为忧郁对人有好处。[1] 到底应该怎么看待这个问题?

毫无疑问，不幸或者不幸感有时可以有所帮助：激发思考，提醒我们幸福并非从天而降，促使我们意识到不管任何形式的痛苦，只要没有痛苦，就是一种幸福，或者说是幸福的开始……最初阶段，如果痛苦持续不断，一再反复，那么痛苦对精神毫无帮助，除非心理素质

1 P. 费迪达（P. Fédida），《忧郁的好处》（*Les Bienfaits de la dépression*），巴黎，Odile Jacob 出版社，2001 年。

极其强大。只有治疗结束（如果是病人），才能歌颂忧郁，或是以旁观者的角度（心理治疗师）来评判忧郁。

关于低估别人的痛苦，拉罗什富科（La Rochefoucauld）说过："忍受别人的痛苦总是更容易……"

人们往往忽略了性情特征（性情是潜意识里的情绪），总是沿用著名的"情绪推理"："如果我觉得忧伤，我会认为整个世界都是忧伤的。"治疗师经常被问到的问题之一就是关于脾气秉性（最容易感觉到这样或那样的心情）："如果我天生多愁善感，是不是就无可救药了？"的确，上文也曾经谈到，每一个人的脾气秉性相对稳定（围绕某个基点浮动），不论生活中遇到开心或难过的事，心情的起伏最终会回落到一个相对固定的点上。[1] 如果个人不做任何努力，情绪波动可能会持续多年。

不过，借助情绪控制、个人发展、心理治疗等手段，有可能慢慢改变情绪易变的习惯。自我调控不是为了"消灭坏心情"，而是学会如何面对。

1 P.T. 科斯塔（P. T. Costa）等人，《环境和性格对幸福感的影响：一份长期跟踪的美国病例》（"Environmental and dispositional influences on well-being：Longitudinal follow-up on an American national sample"），《英国心理学》杂志（*British Journal of Psychology*），1987 年 78 期，299—306 页。

心情低落怎么办?

认真对待心情变化

恰到好处地认真对待，不要过于紧张（否则会联想到现实世界也是悲伤的，而事实往往并非如此），也不要毫不在乎（否则将永远被情绪掌控）。像所有事情一样，一有苗头就积极应对，思考心情低落的原因，而不是任由自己消沉下去。忧郁或许是由事不顺心引起的，那么有什么解决问题的办法？如果是没来由的心情低落，该如何控制不再消沉？也就是说，总要努力去了解自己的心情：是什么原因导致负面情绪？如果有原因，那么如何应对？如果没有原因，那么如何缓解？

精神官能性忧郁症

忧郁在不同阶段有不同的特征，其中有一种就被心理学家称为“精神官能性忧郁症”（来自希腊语的改变 dys 和情绪 thymie）。患有这种忧郁症的病人，症状相对较轻，但持续时间长：“从不会很严重，但总是不开心。”精神官能性忧郁症可能与身体生理基础有部分关系，若服用抗抑郁药物治疗往往效果明显，[1] 心理介入治疗也很有效，[2] 这说明两者

---

1 J.M. 维奈尔（J.M.Vanelle）等人，《氟西汀对精神官能性忧郁症的治疗效果研究》（“Controlled efficacy study of fluoxetine in dysthymia”），《英国心理学报》，1997 年 170 期，345—350 页。

2 J.C. 马科维茨（J.C.Markowitz），《精神官能性忧郁症的心理治疗》（“Psychotherapy of dysthymia”），《美国心理学报》，1994 年 89 期，1114—1121 页。

皆有原因。[1]在那些“难以感受快乐和幸福”的病人中，有一定数量的病人患有精神官能性忧郁症。不过需要指出的是，不论是对精神官能性忧郁症的药物治疗或是心理治疗，都不能保证病人未来一定能够幸福，只不过增加了构建幸福的可能性。

实事求是

我们不能阻止负面情绪出现。但是我们可以努力不让坏心情变成注定的精神官能性忧郁症。对坏心情开始蔓延时的“又来了”“又是这样”，要及时阻止。首先因为这么想是错误的，而且毫无用处，只会加剧郁闷，其次不断抱怨、反复纠缠，不能解决任何问题。如果相同的问题确实反复出现，不要在心情脆弱的时候处理，清醒冷静时更有效。[2]

行动起来

虽说不是夸大自我的作用，但是所有研究都表明，想要改善脾气，行动比空想更有效。[3]当身体不舒服的时候，就必须

---

1 A.V. 拉万德兰（A.V.Ravindran）等人，《群体认知治疗与药物治疗对精神官能性忧郁症初期的核心治疗效果》（“Treatment of primary dysthymia with group cognitive therapy and pharmacotherapy”），《人格与社会心理学》杂志，2002 年 83 期，1213—1223 页。

2 N. 鲍曼、J. 库尔（N.Bauman,J.Kuhl），《直觉、情绪与人格：潜意识综合判断和负面情绪自我调整》（“Intuition, affect and personality：Uncons-cious coherence judgments and self-regulation of negative affects”），《人格与社会心理学》杂志，2002 年 83 期，1213—1223 页。

3 R.E. 塞耶（R.E.Thayer），《理性情绪替代：加强锻炼，减少纵容》（“Rational mood substitution：Exercise more and indulge less”），摘自 R.E. 塞耶，《每日心情的缘由》（*The Origin of Everyday Mood*），牛津，牛津大学出版社，1996 年，157—168 页。

行动起来去治疗。也许各位会想，这还用说吗？然而现实并非如此。大部分焦虑症和抑郁症病人的做法完全相反：病情越是严重，他们越拒绝治疗，不做任何应对，甚至不见朋友，对兴趣爱好或喜欢的休闲娱乐也都提不起精神……越不治疗，症状越恶化，于是进入了一个恶性循环。

心情不好的时候做一些放松的事，这种建议似乎不起作用，因为消沉的时候什么都不想做。但是所有研究都表明，必须主动努力重拾积极性（就像卡住的机器需要重新启动一样）。而且必须清楚地意识到，心情不好的时候，做一些轻松的事不是为了让自己快乐，而是为了阻止坏心情的加剧。

根据这种观点，认知心理治疗师经常这样问病人：“当你最好的朋友心情低落的时候，你会建议他做些什么，让心情好起来？”这样的问题往往能引发非常有趣且恰到好处的思考。随后，治疗师会继续问：“为什么你自己不这么做？”这个问题可以让病人更深入地审视自己。因为我们大部分人都不懂得友好地对待自己……

激发正面情绪的经验方法

心理实验室的研究者借助各种技巧激发测试志愿者的正面情绪或负面情绪（例如，情绪对数学能力是否有影响？当人们向陌生人介绍自己的时候，情绪是否发挥作用？）。同时，研究者也衡量着这些技巧的有效性。[1]根据实验室测试，以下是影响情绪因素的活动排行榜，每一项可以提升开心指数或伤心指数至少 10~15 分钟。你是否找到了属于自己的方式？

（数字是“影响力指数”，根据综合分析得出的每一项比重，越接近数值 1，影响力越大。）

看一部喜剧 0.73

收到礼物 0.38

细想开心的事 * 0.36

获得成绩，得到赞扬 0.33

聆听喜欢的音乐 0.32

一次愉快的交谈 0.27

看着镜子中心情愉快的自己 0.19

* 如果是和别人谈论开心的事，激发好心情指数会提高，如果是与好友一起，效果更佳。

烦心，不安，焦虑：生活是一团乱麻……

我们都是麻烦制造者，

在自己的一堆问题中幸存下来。

——萧沆

1 R. 韦斯特曼（R.Westermann）等人，《相对有效和正确情绪激发手段：元分析报告》（“Relative effectiveness and validity of mood induction procedures:A meta analysis”），《欧洲社会心理学》杂志，1996 年 26 期，580 页。

安妮特

我从来没见过我父母快乐的时候。他们太操心了！他们认为必须倾尽全力才能避免生活中的不幸，他们唯一懂得的积极情绪就是解脱（“太好了，躲过了这次劫难”），或是休息（“好了，终于可以喘口气了”）。我真的觉得他们根本看不见幸福。我去表哥家的时候，有时候会看到他们的爸妈很懂得享受生活，把繁重的家务活儿放一边，先小憩片刻……这在我们家想都不用想。那个时候，我真心羡慕表哥的生活，觉得他们很幸运，受到神的眷顾，而我们一家都是普通人，也就是不幸福的人……

我妈妈最经常挂在嘴上的一句话，“我已经满身的烦心事了”，我到现在都能听到她这么说。于是长大之后，我也像父母那样看待事物。到了大学，同寝室的小伙伴，也是我最早的闺密们，开始嘲笑我自寻烦恼。

有一天，一位室友甚至叫我“烦恼癖好症”，我把所有焦虑和难过一股脑儿都吞进肚子里，闷在心里，直到最后号啕大哭……

当人们不断地遇到烦恼，或者说感觉到烦恼的时候，如何还能感受到快乐？

同一个事件，在有些人眼里可能是不凑巧的意外，在另外一些人看来则可能是天大的灾难。有些人认为坎坷、不顺心是人生的一段经历，虽然令人不快，但难以避免，与幸福并驾齐驱（不幸只是时运不济，心境不佳）。还有很多人在逆境中会激发不自觉的深刻思考，最终柳暗花明又一村（不幸是磨炼）。最后一些人则觉得厄运证明了幸福不可能实现，幸福只是一个幻梦（人生就是不幸）。最终，焦虑和不安可能会成为幸福的最大障碍，使人无法“活得轻松自如”。

焦虑像只老鼠噬咬幸福的蛋糕

焦虑思想耗费心力，令人无法感受到幸福，而且让人成天神经紧张，完全无法放松心态去享受惬意。为了假想的苦恼（总是为还没发生的烦恼忧心忡忡），牺牲了当下的快乐（至少在某些时刻是有可能快乐的）。

焦虑是对世界的一种看法和解读：认为每天都存在各种危险，将大部分时间和精力耗费在预防各种可能发生的危险上，时时刻刻警惕着。适度的焦虑是有好处的，防患于未然，以便从容应对。就像血压一样，身体运转离不开一定的血压，有些人过度焦虑，就像血压过高，不管是慢性或急性。这其中涉及多种心理机制：

· 问题未出现时，“对危险高度警惕”，时时刻刻观察四周的状况，不断设想各种可能的危险（焦虑不只是警惕危险，还使人设想各种危险，不停地设想各种疯狂的苦难场景）。这种无时无刻不处于高度警惕中的状态，使人无法感受当下的每一刻。

我有一位朋友谈到他有焦虑性格的八岁大的女儿：“星期天上午，我和贝雷尼丝从集市回来。一切看起来都很好，我们漫无目的地聊着天。说着说着，她忽然问我，我们会不会突然有一天变得很穷或是我们的国家会不会爆发战争？我问她为什么会这么问，她说路上看到一个衣衫褴褛的人，让她想到了贫穷。然后她看到有一架飞机从天上飞过，又想到轰炸机和战争……贝雷尼丝就是这样，好端端的也会突然焦虑起来。似乎她从未真正享受过生活中点点滴滴的快乐……大部分时间都在担心各种烦恼。”

“稍微大些之后，我们不敢给她任何承诺，否则她会一直想着，不停地缠着问。比如我们提前两星期收到她同学的生日派对邀请，她会每天不停地问你生日派对的日子到了没有，一天至少问十遍。这样一来，她的注意力反而不集中，思维容易分散和跳跃，才刚开始做一件事，脑子马上想着下一件事。一旦感到厌烦，她会马上问是不是到了吃饭时间或者吃点心时间，其实她根本不饿，只是想打发时间。必须帮助她沉下心来，专心享受当下的每一刻，否则她什么事都做不了，什么快乐都享受不到。”

· 当问题来了的时候，极端焦虑会夸大事态（意外变成一场灾难），钻牛角尖（看不到危险）。焦虑思想很容易把事情一概而论，不幸命运往往起因于一件意外的小事。然而焦虑者不仅没有坚强应对意外小事，反而一次次更加认定自己不走运，命运多舛。忧虑的人具有疯狂的控制欲，这也解释了他们的完美主义生活观：在他们看来，烦恼和意外都是可以避免的。事情一旦发生，就说明防范没有做到尽职尽责，或是因为命运特别残酷。不论是哪种情况，下一次必须加倍当心，一刻也不能掉以轻心……

这是一位焦虑症病人对我描述他母亲的内容（至少这位病人知道自己为什么焦虑）："事情只要碰到她，就会变得特别复杂。一旦有任何计划，比如周日去野营烧烤，焦虑即刻就来了。从周一就开始准备吃的，每次都准备很多，就怕不够吃。我爸爸必须向她详细说明野营的地点。绝对不可能有任何惊喜，野餐地点必须精准选定，不能太阴凉否则孩子容易着凉，不能阳光直射以免晒伤（我们一年四季都要戴着帽子），不能太靠近马路（太吵，车来车往容易出事），也不能距离太远（万一有人受伤，可以迅速回到车上）。到了周三，她开始睡不着，担心露营会出现危险状况，万一下大雨怎么办？附近有马蜂窝怎么办？有蛇出来咬人怎么办？回来路上遇到严重堵车怎么办？她总是没完没了地担心。后来我们都不提前告诉她了，结果她一样很不开心……"

面对焦虑怎么办？

思考，但不纠结

思考？你们会说，焦虑的人无时无刻不在想着各种问题。当然，解决问题的方式，不是身边人经常建议的“不要再去想了”。首先这样根本行不通，就算不想，问题还在那里。其次，这一方法不管用，焦虑者的烦恼事往往确有其事，并非虚构幻想。

在心理治疗过程中，我们会帮助患者“更好地”思考问题，焦虑只是毫无用处的胡思乱想、纠结不定，焦虑的人一想到揪心的事就会发狂，要么接二连三地想，要么在一件事上钻牛角尖，不是积极思考解决问题的方法，而只想着可能会发生的可怕结果和随之而来的不幸……幸福需要用心打造，有所行动，果断抉择，毫无成效的反复纠结则完全相反。

别把疑虑变成确信

焦虑思想是一种狭隘的思想，指面对不确定性时（比如明天烧烤会下雨吗？），在脑子里制造各种最糟糕的设想（没错，很有可能是倾盆大雨，孩子浑身淋湿，感冒发烧，连带并发症住院，要是在医院里没碰到有能力的医生就更糟了……）。满脑子只有糟糕的设想。疑虑（消极的设想：明天会下雨吗？）变成一种确信（消极的认定：明天肯定会下雨）。

针对焦虑症患者的一种传统心理治疗法，就是帮助他们学会面对不确定性，系统地设想多种可能的解决方法：当然，有可能会下雨，也完全有可能不下雨，或者下小雨，或者仅仅是阵雨。就算雨真的很大，也可以不烧烤，换一种方式过一个舒舒服服的周末。设想多种可能性,不必孤注一掷,最终培养“民主”的宽容心态（包容各种观念）。持久的幸福需要清醒的意识和明智的头脑。

别把每次意外都当作不幸

工作中被上司批评，焦虑的人不仅会做糟糕的设想（他一定很生气，我让他彻底失望了），还会夸大事态的严重性（他肯定想把我辞退），我们称为“灾难假想”。

通常，灾难假想是无意识的，但是往往一发而不可收拾，直到让人发疯似的焦虑。老板的几句批评会引发一连串可怕的假想：“他讨厌我，看我不顺眼，想把我辞掉，我会丢了工作，又找不到新工作，全家人露宿街头，孩子只能到地铁去乞讨……”

意识到内心的这种致命假想，并学会正视和纠正这种倾向，是对抗焦虑的关键。不是说服自己不存在不幸，而是要意识到，事情未必一定如想象那样糟糕。幸福，不是骗自己会永远一帆风顺，而是要明白，一心只想着最糟的事，一旦真的发生反而无法坦然应对，如果没有发生，也会把生活搞得一团糟。

学会信任

针对焦虑的最新研究表明，焦虑大部分来自惧怕不确定性[1]：一旦遇到不确定或无法准确把控的事，生性忧虑的人就会设想最糟糕的情况。所以，安抚焦虑的人，首先要增加他对不确定性的宽容心，让他学会不要一遇到不确定的事就只看到可能的隐患。

我治疗过的一位焦虑症患者，这样总结他的治疗："现在，我会努力做到首先抱有信心。只要无法证明会发生最糟糕的情况，我就不去想它。和我之前想的完全不一样，我发现不焦虑不代表天真，而是实事求是……"说到乐观主义，我们会看到，怀疑往往比信任更盲目。加强信任和信心，是通往幸福的通衢。

悲观主义：是未雨绸缪还是盲目消沉？

幸福不是一个好兆头，

只是暂时错过不幸，不幸迟早会来临。

——马塞尔·艾梅（Marcel Aymé）

1 M. 杜加斯（M.Dugas）等人，《对不确定性的社会的容忍度与焦虑》（"Intolerance of uncertainty and worry"）《认知治疗与研究》（*Cognitive Therapy and Research*），2001年25期，551—558页。

让－热罗姆

我是一个扫兴的人，天天板着脸……还是学生的时候，大家都叫我“坏脾气的蓝精灵”，那时候我个子矮矮的，整天戴着一顶帽子，总是在抱怨。奇怪的是，大家都喜欢我，因为我让他们很开心。也许对大部分人来说，我是一枚悲伤的避雷针。至少在朋友圈是这样的。但我交往的那些女朋友，总是很快就厌烦我……

我最喜欢说的话就是：这不行，别费劲了，放弃吧。那些乐呵呵的人让我生气，我觉得他们一点儿都不懂得生活，不是无知天真，就是自私自利。我不知道我算不算不幸，我不会这么说，而会说我从来不满足，因为这世上似乎没有很多足以让人满意的事。现在的问题是，我刚刚爱上了一个性情乐观的姑娘，她受不了我这副样子。她说我有病，应该去看医生。我是个幸福低能儿。曾经有一段时间，我差点儿想逃得远远的。但是看着她那样生活，我想，她的话也许有道理……

什么是悲观主义？

悲观主义者面对不确定性，宁可选择消极的态度。钱包不见了？意味着再也找不到了（肯定被人偷了）。约好的伙伴迟到了？意味着他们不会来了。悲观主义者认定，最好还是把坏事想在前面。[1]

所以，悲观主义其实就是一种焦虑，只是表面看起来更平静、更隐忍，而且被上升为一种思想体系：悲观主义被当作一种高瞻远瞩，优雅地嘲笑那些天真的无忧无虑者。对悲观主义者来说，一旦有坏事的苗头，坏事就来了。这样的逻辑对于一位追求零事故、需要预测一切风险的航天航空工程师来说也许是有用的。但是日常生活也天天如此，让人如何承受得了？

悲观的理由往往很响亮，在悲观主义者眼中它们是如此完美地符合逻辑：

· 凡事先想最坏的结果，如果幸福没有到来，也不至于失望。这是一种预期的悲观主义。

· 同时做好最坏的打算，一旦不幸来临就能有所准备，这是预备的悲观主义。

· 最后一部分悲观主义是迷信行为：等待最坏的情况，同时期待着最美好的事，嘴上不说——其实天天说的都与内心期待的相反——就怕一旦说了，吉兆就消失了。

就像有些刚考完试的学生，大声说自己考砸了，没希望了，其实心里很清楚并没有说的那样糟糕，暗自期待着高分。只是他觉得悲观主义的言论更有利，万一真的考砸，身边人不至于太失望。提前做好心理准备，不至于想到成绩就慌张。而且，“天

1 如果你想测试自己是悲观主义倾向或乐观主义倾向，可先填写本书第 311 页的测试问卷，然后再查阅问卷后的解释。

有不测风云”，不要乐极生悲……

这种“悲观主义盔甲”很多科学家都曾经研究过[1]，如今已广为人知。乐观主义研究的先锋者美国心理学家马丁·塞利格曼（Martin Seligman），建立了一套归因理论的模型[2]，被心理治疗师广泛应用。生活中的每一件事，我们都会赋予环境决定的不同特征。比如，我们会这样判断：

- 成功来自自身的努力（自身原因）或机遇（外部原因）；
- 成功证明了我们的个人价值（普遍性）或者仅仅是表明具有完成某些任务的能力（特殊性）；
- 让人想到未来可能再次获得成功（持久性），或者根本不能代表将来也能成功（不持久性）。

不论是什么情况，悲观主义习惯将事物归结为负面的。这使得悲观者往往对世界抱有敌意，不切实际。

悲观主义的心理归因

好事（成功完成某事）	坏事（任务失败了）
“不是我的原因”（归结于外界）	“都是因为我”（归结于自身）
“不会总是这样，不会再发生”（不持久性）	“会一直这样下去，会再次发生”（持久性）
“这说明不了什么”（特殊性）	“这说明很多事，我的那些问题解决不了”（普遍性）

1 J.K. 诺勒姆（J.K.Norem），《防御型悲观，乐观与悲观主义》（“Defensive pessimism, optimism, and pessimism”），摘自 E.C. 昌（E.C.Chang），《乐观主义与悲观主义》（*Optimism and Pessimism*），华盛顿，美国心理学协会，2001 年，77—100 页。

2 M.E.P. 塞利格曼（M.E.P.Seligman），《阐释风格：预测性抑郁、成就与健康》（“Explanatory style: Predicting depression, achievement and health”），摘自《焦虑与抑郁治疗的简明疗法》（*Brief Therapy Approaches to Treating Anxiety and Depression*），M.D. 雅各（M.D.Yapko）编辑，纽约，Brunner-Mazel 出版社，1989 年。

悲观如何阻拦幸福

悲观和幸福难以共处，原因有很多……

· 悲观搞砸生活中的很多快乐时光，幸福不能心急（没有预支的快乐），也不能只在最后一刻享受快乐，更没必要小心翼翼，吝啬享受。

特点：几乎无时无刻不生活在提心吊胆的阴影中。

· 悲观者不懂得如何应对不幸，和他们所声称的恰恰相反（“万一事与愿违，不至于太失望”）。一旦不幸降临，悲观者就沉浸在忧伤的自满中：“我就知道会是这样。”随后，他们和乐观主义者一样失望痛苦。大量研究表明，悲观与消沉之间仅一步之遥。[1]

· 悲观者自我吹嘘：悲观者往往只在说对的时候才提醒身边人（别忘了还有……）。如果预测不准，他们就会忘记或者只字不提（大部分都不准）。其实从蒙昧时代以来，[2]预言家和占星师为了让人相信他们的神力，都是这么做的。一旦把所有预测放在一起考量，那么准确率就难以启齿了。[3]悲观主义

---

1 C.J. 罗宾斯、A.M. 海斯（C.J.Robins,A.M.Hayes），《归因理论对抑郁征兆的作用》（“The role of causal attributions in the prediction of depression”），摘自《阐释风格》（*Explanatory Style*），G.M. 布什曼、M.E.P. 塞利格曼编辑，美国，Hillsadale（NJ）Erlbaum 出版社，1995 年，71—98 页。

2 M. 米努瓦（M.Minois），《关于未来和预言家的历史》（*Histoire de l'avenir, des prophètes à la prospective*），巴黎，Fayrad 出版社，1996 年。

3 J.-C. 佩克（J.-C.Pecker），《火星效应》（“L'effet Mars”），《科学与未来》（*Sciences et Avenir*），1995 年增刊 101 期，20—26 页。

者的预测也是如此……

· 悲观者让身边人感到很累，会引发连带问题。这是一位母亲谈到孩子学校校长的一段话："我们以前的老校长能力很强，但是很悲观。我是家长委员会的代表，每次去和校长谈事情，他总是拉长脸，一开口就说'这不行'，就算其实是可行的也一样……新校长能力也很强，但风格完全不同。和他打交道很愉快，他看起来更强，至少更有建设性，他会首先看看是否有解决办法，如果没有，他才会拒绝……"

如何克服悲观？

· 别把自己太当回事，谦逊一点儿。大部分悲观者自认为高瞻远瞩，总是有理（俗话说"忠言逆耳"），而且把乐观看作病态的天真。下一章我们将会看到，事实与心理学研究都表明，悲观者的这种观点完全错误。

· 悲观的事只说一遍，没有必要一再重复。每次要说负面的话或做悲观的事，都先问问自己，这么做有用吗？悲观者的身边人早已对此习以为常，不再当回事。所以抱怨之前，先三思……要看得长远！

· 每次反思自己的预测，注重实际结果：如果 90% 的预测不准确，还有什么必要继续这么做？十次只对一次，如何还能算有理？

· 把精力放在寻找解决方法上，而不是只盯着问题和可能造成的后果。很多研究表明，[1]悲观者通常不缺乏智慧，只是悲伤往往使他们判断失误。

· 问问自己生活幸福或言之有理，哪个更有意义？久而久之，悲观者只有在乐观者言之有理的时候（极少会有其他理由）才感到满意（乐观者心里很明白他们自己更幸福）。不时说一句“我早就对你说过”，变成悲观者唯一可以理直气壮的事，但是这样就可以悲观了吗？相比微不足道的好处（偶尔说对了），悲观的代价是否太大？

没时间幸福……

马克

回想起来……哎，一想到我过去的样子，我就感到难过，那时我就像是个忙碌的瘾君子。一定得有事情做，一刻不能闲下来，不仅是当时当刻，甚至可预见的将来也必须有事可做。一旦看到周末没有排满聚会、文化参观或体育活动，我就会觉得自己社交无能或身体僵硬。原因要追溯到很久

1 N. 安巴迪、H.M. 格雷（N.Ambady,H.M.Gray），《忧伤与犯错：性情对判断失误的影响》（“On being sad and mistaken：Mood effects on the accuracy of thin-slice judgments”），《人格与社会心理学》杂志，2002 年 83 期，947—961 页。

以前。我父母说我小时候，每到周日，就会一大早跳上他们的床，追问今天要干什么。我父亲也是这样，不过我比他更严重。那时候的假期，我从来不会安静地躺在沙滩或长椅上无所事事。对我来说，天堂般的日子就是在地中海俱乐部参加各种体育活动，不能有一刻空闲……

后来我遭遇一场严重的摩托车车祸，盆骨骨折，不得不在床上躺了几个月。就是在这段时间，我遇到人生两个难以置信的邂逅：一个是我现在的妻子，她当时是医院的护士。还有一个就是休息。看书，看窗外闲云，听音乐……就像是接受再教育，我被改造了。也许也因为我老了，我开始认真地思考，过去那种停不下来的习惯背后其实隐藏着内心的焦虑和对生活的不满。我让自己忙起来，也是为了让自己不要想太多。其实没有切实的生活目标，内心也很孤独。我碰到现在的妻子，她向我提出了挑战：一次只做一件事情，听音乐的时候不能看书，也不能接电话。刚开始我觉得她酷酷的。她把我放在医院的花园里，对我说："别看报纸，也别看手机，就看看这些树、松鼠、天空，你会感到很舒服……"这辈子我还从来没有这么做过！突然间，我开始觉得自己身处一种怪怪的状态：幸福。而且我发现这种感觉也是平生第一次。以前，我体会过快乐、激动、放松、开心……但幸福从来没有过。我明白幸福转瞬即逝，而我害怕短暂……以前的我感觉幸福就像是空虚的前奏。看来事实完全相反，异常忙碌、匆忙仓促反而一事无成。

“幸福？没问题，等我忙完这件事再说……”

“幸福，等会儿再说……”这似乎是很多大忙人挂在嘴边的话。忙碌当然也可以有幸福……关键忙碌是为了身心健康或幸福，还是为了忙而忙？

大部分“非常忙碌”的人都在晒忙碌的幸福。很多人是追求刺激，“刷存在感”，往往忽略了其他类型的幸福。还有一些大忙人则是焦虑症，是一种无意识但无法停止的控制欲的牺牲者（来自完美主义）。还有一些人则两种情况都有。

无暇顾及的好心人……

我们都希望主宰自己的行为和决定。然而，很多平凡的原因，比如时间紧迫（落伍或觉得落伍）使我们不得不背叛当初的理想……

大家应该都听说过撒玛利亚好心人的故事。这是《圣经》中的著名片段（路加福音 10:30–37），耶稣赞赏一位把自己的财物贡献出来帮助陌生人的撒玛利亚人。一天，一个人从耶路撒冷去耶利哥，半途落在强盗手中。强盗剥去他的衣裳，把他打个半死，丢下他就走了。一个祭司和一个利未人（侍奉神殿的民族）路过，但是对他不闻不问，从他身边径直走过去了。直到来了一个撒玛利亚人（这个民族因为祖先是巴比伦隶农而被希伯来人鄙视），上前帮助他，照顾他，并出钱把他送到了客栈……

在社会心理学一份非常经典的研究中，[1]研究者请宗教学的学生们就撒玛利亚好心人的典故布道。这些学生需要前往临近的街区，在一座工作室里录制他们的布道过程。

研究者随机抽取半数人，告诉他们有充裕的时间前往录音棚。另外一半的人，则被告知时间紧迫，已经迟到了。在神学院学生前往录音棚的路上，他们会在一个大拱门门洞下遇到一名咳嗽不止、浑身发抖的人（当然是为了测试学生的不同表现而特地安排的）。他们将如何应对？时间紧迫的那组学生中只有 10% 的人停下脚步帮助陌生人（时间充裕的一组则为 41%）。他们难道是不合格的神学院学生吗？未必如此。只是因为他们以为时间不够，一心只想着完成指派的任务。就是日常生活的这些小陷阱，使他们忘记了神圣的使命和读过的经典……

所以，不管我们的理想有多美好（与人为善或幸福快乐），生活的旋涡会让我们在追求的途中忘记了理想……

我曾经治疗过一位严重焦虑的多动症病人。在心理治疗的末期，她的病情明显好转，我们谈及了很多她日常生活的细节

1 J.M. 达利、C.D. 巴特森（J.M.Darley,C.D.Batson），《从耶路撒冷到耶利哥：助人行为的环境变量与秉性变量研究》（“From Jerusalem to Jericho：A study of situational and dispositional variables in helping behaviors”），《人格与社会心理学》杂志，1973 年 27 期，100—108 页。

（德语有句谚语“魔鬼藏在细节中”），尤其是她如何对待朋友上门拜访。对她来说，朋友们的拜访，无论是自己上门还是受到她邀请，都让她焦虑、紧张，而不是感到开心。她必须让家里整洁如新，菜肴精美可口，大家开心畅谈，气氛融洽……我们也可以问自己一个非常简单的问题：当你邀请好友到家晚餐时，什么更重要？费尽心思准备菜肴，忙到最后一分钟？还是放松自己，以最佳状态等待朋友上门？

这无疑才是心理治疗的目的……

为什么多动症患者（轻度焦虑病患者）难以感受幸福？

答案很简单：因为幸福其实没有什么用。

这对多动症患者来说是无法接受的。我很喜欢哲学家阿尔贝·梅米（Albert Memmi）在短论《幸福》（*Bonheurs*）中的一个故事：“我认识的一位女士经常说：我马上做饭，然后大家快点儿吃，早点儿去睡午觉。这时候她丈夫就会说，然后快点儿寿终正寝。”

等到人们开始思考“生活意义何在”这个根本问题的时候，往往为时已晚。大多数多动症患者经常遭到“要是早知道”症候群的打击。前披头士成员约翰·列侬在一次采访中说道：“生命，就在你计划满满的时候流逝了。”

如何才能不至于忘记幸福？

· 很简单，留给自己思考的时间。思考（或者定期反思）重要的事情。整天忙忙碌碌，不知不觉想不到或不懂得思考生活的目的了。

吕克

我劳累过度，才导致精神抑郁。到现在才发现自己活得太荒唐，就像所有肌肉纤维都系在一根神经上。碰一下紧张一下，碰一下紧张一下……我已经养成习惯，就像是一碰到情况就立即有反应的机器人。我忘记了为什么要这么做，不知道自己到底在追求什么。要是我们都像疯子一样工作，生活的目的又是什么？

· 让自己体验放手。我们在心理治疗过程中，建议很多病人学会放空，什么事都不做，或者说不要总是有事做：不要一上车就打开收音机，不要一回家就开音乐听（更糟糕的是开电视）；不要一空下来就读书看报，而是看看天花板，看看窗外的天空和云彩。别把周末或假期塞得满满当当。我们也告诉患者，要学会放手，让同事或家人去做，即使在他们看来，别人做得没有那么好，也不要事事亲力亲为。

我记得曾经要求一位病人放手让孩子们自己准备一次家庭晚餐，以此作为一次心理治疗练习。她从来没有这么做过，因为孩子们会“弄得一团糟”。但结果大大出乎她的意料，孩子们的晚餐很棒。而且，她也很享受不必自己动手，由别人服务。当然，必须事先接受有可能会打碎一两个盘子，饭菜口味也只能算将就。不过这对治疗来说已经足够。

治疗结束之后，这位病人对我说，在走出抑郁之后，她观察别人各式各样疯狂焦虑的情景：“带孩子去玩沙子，我一眼就能发现那些对孩子过分照顾的家长，催促着孩子去‘享受’玩具（‘快点，球在那里，快去捡球’）、游戏场地（‘快来滑滑梯，为什么你不滑滑梯？’）、小伙伴（‘为什么不和其他小朋友一起玩？在家你总是抱怨没人和你玩……’）。我心想，我也曾经如此。这让我觉得很好笑。突然有一天，你会发现，你走到了另一端，和最初的追求相去甚远：我们没有让孩子快乐，反而给他们施加了压力……”

焦躁、发怒和各种可怕的情绪

心理治疗师最了解负面情绪。有些人的意识中全都是负面情绪，这源于一种极端沉重的世界观。可怕的情绪有很多：抱怨、讥讽、赌气、仇恨、挑衅……由此导致一系列的负面举动：

为一点儿小事斤斤计较，脱口而出的是先拒绝，不停地说各种消极预测，时时刻刻都在抱怨，动不动就批判指责……

我冷眼看着人类……一天，我从家里窗户往外看，看到两个人在打网球。他们一定说好要痛快玩上一场，两人都打得很认真。但是他们都很可笑，这两个笨蛋，自以为动作潇洒，其实姿势又丑又笨。要知道，那些自我感觉良好的愚蠢男人，根本吸引不了女人。看着这两个自以为是的丑八怪，我冷冷地笑了……瞧那些女人，跟着潮流打扮，以为自己变成了杂志上的明星，其实都是受骗上当的蠢女人。都被那些比她们年轻 20 岁、瘦 20 公斤的模特图片迷惑了。

一群傻瓜，所有人都是……

昨天上午，我必须去邮局取包裹。一大早，我赶在上班前去了邮局，已经有一堆人在排队，全是退休老人，一帮老头老太太！那时才早上 8 点！他们一整天闲着没事干，却偏要在上班族唯一有空的时间去和上班族挤长队。他们什么都不懂，在柜台前一站就是一刻钟。更不要说那些借口自己老了、腿脚不好非要插队的人。还有柜台后面的那些工作人员，不紧不慢，找个东西都至少花上一刻钟。付钱的可是我们！

人真是可悲的动物。丑陋、愚蠢、虚情假意、诡计多端……我们都是困兽！

这段话来自我的病人菲利普。一开始他来找我，是为了治疗严重的社交恐惧症，症状好转之后，他又请我帮助他享受生活的快乐。他父亲的性格非常负面，不认同他，也不认同大家，最终他形成了负面的世界观，痛苦的内心让他成为自己的第一个牺牲品。

可怕情绪的诱惑

负面情绪会随着压力的增加而增加，每个人都可能经历。压力越大，越看不惯自己的同类。负面情绪已经成为一种习惯，往往是内心的焦虑造成的，而焦虑的原因通常来自不幸的人的自身。我记得有一位叔父，每当有人令他感到厌烦，他就会说："这人一定很不幸，不然不会这样。"

这种不安有多种原因：缺乏自信、焦虑、缺乏安全感、心理承受力差、嫉妒、欲望……总之，负面情绪的人都让人觉得不舒服，不平易近人。朱尔·勒纳尔写道："人类如我，使我厌倦人类。"

脾气暴躁的人，没必要四处找寻痛苦的原因，原因就在于他们对自己的不满。有一种负面情绪的特点是，在遇到困难时不是寻找解决方法，而是只想着指责和抱怨。第一反应就是想："这是谁的错？"其实这个时候更应该想"现在该怎么办？"。这种反应有可能在小时候就会出现。

家里人都知道，4 岁大的科莱丽一遇到困难就责怪身边人：大衣的拉链坏了，肯定是讨厌的弟弟在搞鬼，或者是天天催着她上学的妈妈故意弄的。玩具丢了，一定是姐姐拿去玩了，没有放回原处……

可怕的情绪破坏身心健康，影响人际关系

负面情绪即刻就会造成后果，破坏身心健康，怨恨、生气的人很难感到身心愉悦……而且可怕的情绪会阻挠正面情绪，持久不散的负面情绪不知不觉占据心里每一个角落。

同时，负面情绪产生长期影响，有格格不入的世界观（一部分是不自觉的）的人很难获得持久的幸福快乐。因为幸福很大程度上需要最起码的宽容，这一点哲学家们都大量提及。另外，对别人毫不容忍的违拗症（一种对他人的要求或指令表现出抵制或反抗的症状，常见于精神分裂者）患者，眼里容不下别人的任何错误或不足，最终会失去幸福中不可或缺的朋友。孤立不合群的人，也不懂得如何让步，不会聪明做人……[1]

1 R.F. 鲍迈斯特（R.F.Baumeister），《社交孤立对认知进程的影响：预期孤独破坏思想智慧》（“Effects of social exclusion on cognitive processes : Anticipated aloneness reduces intelligence thought”），《人格与社会心理学》杂志，2002 年 83 期，817—827 页。

卡罗琳娜

有一个朋友总是说别人坏话，现在我已经不和她来往了。她总是各种负能量，虽说对别人的评论有时是对的，但终归是批评。一天，我觉得有点儿累，她给我打电话，说了半个小时之后，我发现她从头至尾都在诋毁聊过的每个人。我指出了这一点，也许有点儿太直接，她很不高兴，开始和我吵起来。从此之后，我们再也不联系了。我猜她一定正和别人说我的坏话。仔细想想，我觉得是因为她需要别人的不幸和缺陷，不是为了取乐，我想这并没有让她感到开心，而是为了慰藉自己，让自己得到宽慰，接受自己的不完美……

面对可怕情绪，该如何应对？

· 不要一味坚持宁缺毋滥。违拗症患者最初都是理想主义者，希望自己的同伴完美无瑕，或者至少也期待别人都能与自己同步。一旦失望，他们就会怨恨不满，横加指责。

· 压力大的时候，要注意自我控制。我们已经看到，负面情绪随着压力增大而加剧。凡事三思：“我今天怎么了？为什么这么不开心？”而不是脱口而出：“这群笨蛋都在干什么？根本不动脑子！”曾经有一位病人，他的治疗目的是不要让自己对身边人的感觉“要么和善可亲，要么冷漠无情”。他发现，心情好的时候，他对世界的看法在这两极之间徘徊。他很客观地总结说，可怕情绪并非来自他人，而是源于自己的压力……

· 反思可怕情绪的后果，问问自己：发怒、抱怨、生气，对我有什么好处？会让事情有改善吗？怎么做会更有帮助？当然，这样说并不意味着要无所作为，或者强忍住内心的不悦。而是有一个思考、行动、继续做其他事的过程……简单地说，就是要问问自己，到底是喜欢整天评头论足，还是好好生活？

·“莫哭泣，莫激愤，请理解。”斯宾诺莎的这句名言本身就是一套方法，照着做显然益处颇多。还有萧沆讲述的这段故事更能说明这一点：一天，有人问年近百岁的哲学家丰特奈尔（Fontenelle），他是如何做到身边只有朋友，没有任何敌人的？丰特奈尔回答道：“坚持两个原则：一切皆有可能，各有各的道理。”[1] 放弃，还是包容？不管怎么说，这都是修正世界观的一个良好开端……

1　E. 萧沆，《日记本 1957—1972 年》（*Cahiers* 1957-1972），巴黎，Gallimard 出版社，1997 年，801 页。

误入歧途，幸福远离

三条鸿沟[1]，可以解释为何难以感觉幸福：

- 曾经的幸福和眼下的幸福之间的鸿沟；
- 别人的幸福和自己的幸福之间的鸿沟；
- 梦想的幸福和现实的幸福之间的鸿沟。

怀旧和遗憾："被幸福放逐的人……"[2]

利斯

我只剩下幸福童年的回忆。长大之后，快乐消失殆尽。只有偶尔感觉舒服的小快乐。我的生活不算糟糕，但也谈不上幸福。看到孩子在玩耍，我经常很怀念，他们感受到的快乐，对我来说已不复存在……

亨利

自从六年前我妻子去世后，我就再也不懂得如何生活了。我不消沉，但我就是不快乐。和妻子在一起的日子总

1 R.H. 斯米特、E. 迪纳（R.H.Smith,E.Diener），《幸福的心理与社会决定因素比较的频率分析》（"Intrapersonal and social comparison determinants of hapiness : a range-frequency analysis"），《人格与社会心理学研究》，1989 年 56 期，317—325 页。

2 R. 莫齐，《18 世纪法国文学与法国思想的幸福观》，巴黎，Colin 出版社，1979 年，296 页。

是萦绕脑海，让我痛苦。曾经的幸福令我深深感伤，我知道这幸福一去不复返了……

大家都会为错过或未曾好好把握的幸福而后悔不已，也会为曾经的幸福而感怀。对某些人来说，过往只是痛苦的渊源。有一位病人这样对我说："我曾经很幸福，但现在再也回不去了。我宁可不要曾经的幸福。相比失去幸福，没有感受过幸福的人也许就不会这么痛苦了。"

其实一切生活经历都可能带来遗憾和感伤，这些曾经带来或者应该会带来幸福的事更是如此，例如爱情、友谊和亲情。我们曾经提过"空巢综合征"或者称为"病态母性怀旧"，专指那些孩子远离家庭的父母的感伤（算不上真正的抑郁）。父母，尤其是母亲，很在意不再拥有全家在一起的快乐时光。曾经很平凡的事（聚餐，闹哄哄的家庭周末），甚至是曾经惹人生气的事（衣服或玩具扔得满地都是）也变得珍贵而美好。这种美好不可挽回地失去了，任何东西都无法替代。当孩子离家的时候，他们喜欢待在孩子的房间里，如果你也是这样的父母，那么很可能会异常感伤。

伤感似乎是人类固有的特质。关于这一点，英国心理分析师迈克尔·巴林特（Michael Balint）的"基本缺陷理论"是一项很有意思的研究[1]。所有人内心都留存着婴童早期的无意识记

1 M. 巴林特（M.Balint），《退行之路》（*Les Voies de la régression*），巴黎，Payot 出版社，2000 年。

忆，那是“人与环境和谐共处的本原景象，没有烦恼，不必思考什么时候走向外面的世界，或者人生什么时候到终点”。

所以，我们的生活注定带着感伤的倾向。由此，诗人朱尔·拉弗格（Jules Laforgue）才说：“幸福不是眼前的这一刻，幸福是过去和未来。”幸福被困在梦想和怀旧之间……

只是很多时候，怀旧感伤只能说明没有能力实现当下的幸福。怀旧的人往往并不像他们表现（或者他们自认为）的那样幸福。一位妻子对退休后的丈夫说：“退休前你真的开心？别说笑了，根本不是那么回事！你那时候天天抱怨，这也不对那也不对，孩子、工作，都是烦恼！”怀旧的问题在于，怀旧其实更多的是一种期待（渴望幸福来临），而不是遗憾（幸福流逝）。但是人们缺乏更深的思考，使怀旧变成一种消极的情绪，就像圣·埃克苏佩里指出的那样：“感伤，是一种莫名的欲望。”所以，如果生活中无所事事，没有追求幸福的计划，患上病态怀旧的概率更大……

那么，除了专注于打造当下的幸福，还有其他什么方法能让幸福的回忆也成为一种幸福？

关于这一点，几位病人如此评论道：“我努力告诉自己，过去的幸福很好。回忆幸福，也是一种快乐。”“是我还没准备好迎接那些幸福，所以也没有什么可以遗憾的。”“我试着从过往吸取教训，今天该怎么做才能更幸福？我犯了哪些错，如何才能不重蹈覆辙？”“我对自己说，快乐已经很不容易，再遗憾和感伤只会增加烦恼。”

嫉妒：自我和他人之间的鸿沟

“如果只想幸福,那么很容易办到。如果想要比别人更幸福，则几乎很难，因为人们总认为别人比自己更幸福。”孟德斯鸠的这句话提醒我们，渴望得到自己眼中的别人的幸福，也许反而会妨碍我们追求自己的幸福。

安娜-玛丽

我嫉妒心很强。总是要确保别人没有比我好。甚至一看到身边有人更幸福，比如看到妹妹更开心，我的快乐立马被打碎。我控制不住攀比，这把生活搞得一团糟，破坏了所有的快乐……如果说要我忍受别人有两个，而我只有一个,那我宁愿两人什么都没有。小时候和妹妹抢一个玩具，我宁可大哭大闹，让爸爸妈妈过来把玩具没收了，也不愿意看到玩具被她抢走……后来我终于明白，别人的幸福对我没有任何威胁，并不像蛋糕分走一块就少了一块。可我花了很多年才悟出这个道理。而且我要时刻提醒自己，否则时不时就会被嫉妒心冲昏头脑……

幸福通常被攀比拖累。嫉妒会成为阻挠幸福的一大障碍，最后演变成渴望拥有别人手中的东西。单纯作为一种情绪而言，嫉妒不分善恶。不过人们还是几乎无法控制心生嫉妒。这全都取决于人们如何看待嫉妒：可怕的嫉妒心（“那些笨蛋凭什么比我幸福？”）、消极的嫉妒心（“为什么就我不幸福？”）、促使效仿的嫉妒心（“他们是怎么做到这么幸福的？对我有什么启发？”）。

所有被嫉妒心驱使的人，除了追究不如人的原因，还应该最终这么做：承认嫉妒（没必要觉得羞耻），理解嫉妒的原因，寻找具有建设性的解决办法（不用反复提及，也不要矢口否认）。想要制止病态的嫉妒心，那么要时刻问自己两个问题。一个问题问眼前：为什么会这样，发生什么事了？另外一个问题问未来：从今天起我要怎么做，才能不再这样动不动就羡慕嫉妒恨？

理想主义：梦想和现实的鸿沟

伊内斯

遐想比实践更让我感觉幸福。梦想里的一切更加美好。只有我有这个毛病，还是所有人都这样？

幸福和攀比

“幸福：想到别人的痛苦时产生的舒适感。”这是美国人安布罗斯·比耶尔斯（Ambrose Bierce）在《魔鬼辞典》（*Le Dictionnaire du*

Diable）[1] 中对幸福的消极定义。他也提到了不幸：“不幸有两种：自己的不幸和别人的幸运。”他的世界观虽然让人难以开心起来，但至少是严谨的。

有两种心态比较会破坏幸福感：向上攀比，向下对比。向上攀比时，往往把自己的幸福和身边人的幸福相比，不会和陌生人或者高不可攀的人去比。尤其当有钱的名人的私生活曝光时，危险也加剧：粉丝走近所崇拜明星的私生活，发现他们其实“和其他人一样”，明星们从此反而更容易招致嫉妒和不满。所以，法国《人物》（*People*）的读者翻看杂志时总是怀着一种幸灾乐祸的心情，《人物》杂志越是揭露名人们的不幸（疾病、离婚、自杀、酗酒……），名人们的优越地位也就越容易被人接受。

向下对比时，不仅与身边人比，还会不由自主地和陌生人比。这样可能会让他们放心，“至少不是最不幸的人”，不过也不会因此而幸福……

设想幸福，远比打造幸福甚至是体验幸福来得容易。这就是那些空想家（至少是那些光想不做的人）、不安现状的人（这就是我能希望的最大幸福吗？）和焦虑症患者（这幸福能持久吗？）的问题根源。

不过，哲学家们一再提醒我们，幸福不只是欲望得到满足，

1 A. 比耶尔斯，《魔鬼辞典》，巴黎，Payot-Rivages 出版社，1989 年 9 月。

甚至可以说恰恰相反。太多人吹嘘放弃了无法把控的欲望，不再寄希望于实现欲望："希望不过是一个不断欺骗我们的江湖术士。对我来说，幸福来临时我已经失去。"[作家尚福(Chamfort)语]真的必须放弃幸福的希望，如安德烈·孔特－斯蓬维尔的名言："幸福，无可救药？"有些人甚至认为，"等待"幸福比"等到"幸福更幸福。

那么该怎么办？谈到分析疗法的益处时，拉康说"治愈不期而至"，他想说治愈并非心理分析师的第一要旨（至少是一部分心理分析师）。虽然这句话仍有待探讨，但可以同理联想到幸福。对空想者（病态的理想主义）的建议是，先踏实生活，幸福自会来临……至少我的病人是这么想的："我终于明白并接受了幸福是不可控的现实，只有创造幸福的条件是可以把控的……""我告诉自己，不要把对幸福的欲望变成一种需求，更不要变成困扰。""接受不完美的幸福，告诉自己并没有那么糟糕，下一次也许会更好……""唯有生活才能幸福！"

理想、微笑和奥运金牌

1992年巴塞罗那奥运会，研究者录制了金银铜三位获奖者上台领奖的录像[1]。随后，研究者将所有获奖者的脸部表情展示给不知情的试验参与者，请他们评估获奖者的奖项等级。最初，试验参与者们都

1 P. 莱格伦齐，《幸福》，28页。

认为冠军一定比亚军开心，亚军比季军开心。然而事实并非如此，大部分季军显然比亚军开心得多。实际上，暂不提无法更改的比赛成绩，亚军心里总是惦记着梦寐以求却错过的冠军宝座（向上攀比），而季军则庆幸他们获得了奖项（向下比较）……

擅用怨言

抱怨更甚于痛苦。

——拉·封丹

罗拉

和我同桌的同事，简直就是一个“怨妇”。从早到晚整天牢骚不断，处处抱怨，总说受够了这个，受够了那个……很烦人，但不是坏人。不久前，我们一起去参加培训——一个我也记不清具体主题的人力资源培训。主持人振振有词，突然说了一句“爱抱怨的人都是失败者”。我偷偷地看了一眼我的同事，发现他听得很认真。脸上的表情看起来很有趣。我想，他一定被这句话震慑住了，尤其最近他的部门正面临裁员。他最好不要被人看作一个“失败者”……后来，这位同事多次和我提起那次培训。我认为，那次培训让他开始反思自己以前不由自主地整天怨声载道。现在，就像一个奇迹，他的怨言骤然减少了，不再动不动就抱怨了……

各种不同的抱怨

什么是抱怨？是一种对感知到的不幸的抗议，认为不幸是一种不公平，不合常理。《圣经》中那些整天抱怨的人不理解也不接受上帝让人类无能为力地面对不幸。大家肯定会想到约伯，一位大公无私、平和善良的人，上帝任由撒旦将他折磨，让他受苦受难（由此才有俗语“可怜得像约伯”），以此验证约伯的衷心。还有流泪的先知耶利米（“哀史”的说法便是由耶利米的名字得来的），哭诉耶路撒冷失城和圣殿被毁的《耶利米哀歌》（*Lamentations*）不知是否被认为由他所著。

若是加上幽默，抱怨也不乏趣味。我记得有一位狡诈的人，在圈子里以怨声载道、挑三拣四而出名，不过同时还有他的幽默感。心情好的时候，如果有人问他：“今天过得怎样？”他会开玩笑说：“反正也找不到不抱怨的理由……”

抱怨是为了让别人注意到自己遇到的困难，以便获得精神支持或者物质帮助，时不时地抱怨会渐渐变成一种习惯，传递出对自己与外界关系的感受，认为自己总是不公平或不幸运的受害者。

抱怨既有对外人（对某人抱怨，不管他听还是不听）的，也有对自己的。曾有个病人对我说："我什么都不说，不代表心里不埋怨。"内心满是絮絮叨叨的埋怨，当然也少有快乐的空间。[1]

不快乐所以抱怨，还是抱怨所以不快乐？

抱怨带来两种主要影响。

成天抱怨使人变得容易受伤，认为自己总是受到别人、社会或命运的不公正待遇。抱怨是面对困难时的一种习惯性反应，过分期待获得别人的关注、聆听和帮助。很多家庭里，小儿子的哭闹都是为了吸引父母的关注，希望父母前来帮自己调停争吵。长大之后，大人期待抱怨能够惩罚坏人，弥补受过的苦难，或至少让人看到自己遭遇的不公。

抱怨的另一种影响是使人在面对问题的时候消极对待，不作为。抱怨往往说明当事人期待别人出手相助，看到不可能有人相助时会伤心难过。

抱怨与心理治疗

"温和疗法"指心理治疗师主要是倾听病人的倾诉，有时候持续多

1 V.B. 斯科特（V.B.Scott）等人，《沉思特性测量的发展》（"The development of a trait measure of ruminative thought"），《人格与个体差异》（*Personality and Individual Differences*），1999 年 26 期，1045—1053 页。

年。如今，这种疗法的局限性越来越多地暴露出来。反传统心理治疗师弗朗索瓦·鲁斯唐（François Roustang）在《怨言的终结》（*La Fin de la plainte*）中指出过度使用温和疗法的后果，并明确指出什么是病态抱怨："病态抱怨不考虑合理的难过和伤心，夸大了事实……而且持久的抱怨很快变成一种习惯性抱怨，不但不会缓解忧愁，反而会加剧忧愁。"

当然，我不认为不应该向心理治疗师倾诉，对那些难以和人谈论自己的孤僻的人来说（因为羞耻、内疚或仅仅是没这个习惯），"谈话治疗"可以让他们敞开心扉，释放自我。但是走过了一步，仅仅满足于抱怨和絮叨则会强化一种错误的世界观，不肯修正自己的行为，认定自己有理……

面对抱怨的欲望，该怎么办？

· 把遇到的困难看作需要解决的问题，而非遭受的不公正待遇。如能做到每次都这么想，那么就能让自己成为生活的主宰，而非受害者。

· 告诉自己怨言是为了解决麻烦，而不是成为另一个麻烦。每一次想要向别人抱怨和埋怨自己的时候，问问自己："这样有用吗？""对我有什么好处？""这么抱怨，会有人来安慰我，帮助我吗？"或者更直接地问自己："到底应该开始怨天尤人，还是闭上嘴巴？"还有："什么时候应该停止抱怨？"

做这么多是为了什么？很简单，“再也不要忍受让抱怨大于烦恼了”。[1]

抱怨的艺术

适度抱怨	抱怨上瘾
就事论事	长期，习惯性的
寻求解决问题的办法	只顾着抱怨
只有遇到麻烦才抱怨	事情过后仍然没完没了地抱怨
抱怨可以释放压力	压力不但没有释放，反而加强
顾及听者的时间和耐心	不顾听者的时间和耐心
适度的（有针对性的抱怨）	动不动就抱怨（抱怨命运）

为幸福的回归做准备……

不幸，比烦恼忧愁更严重一些，
有力地提醒我们人生并非在我们的掌控之中。
——安布罗斯·比尔斯（Ambrose Bierce）

“不幸，是我们绕不开的……”一些逆来顺受的病人这么对我说。

1 F. 鲁斯唐（F.Roustang），《怨言的终结》（*La Fin de la plainte*），巴黎，Odile Jacob 出版社，2000 年。

绕不开……有时候，我们别无选择。但是我们可以避免把“境遇不佳”（的确绕不开）和“不幸观”或“制造不幸”相混淆。既然生活中不得不面对不幸，那就不要再自己制造更多烦恼了。

这样说，并不意味着随时随地感觉幸福，而是在面对困难和不幸时，不要让自己陷入忧愁之中，克服不幸感，别让不幸感蔓延，渐渐减少忧郁……

总之，为幸福的回归做好准备。亚里士多德所言“智者不求享乐，而求苦难不在”。不过，这仅仅是第一步。 减少了不幸，不意味着创造了幸福……

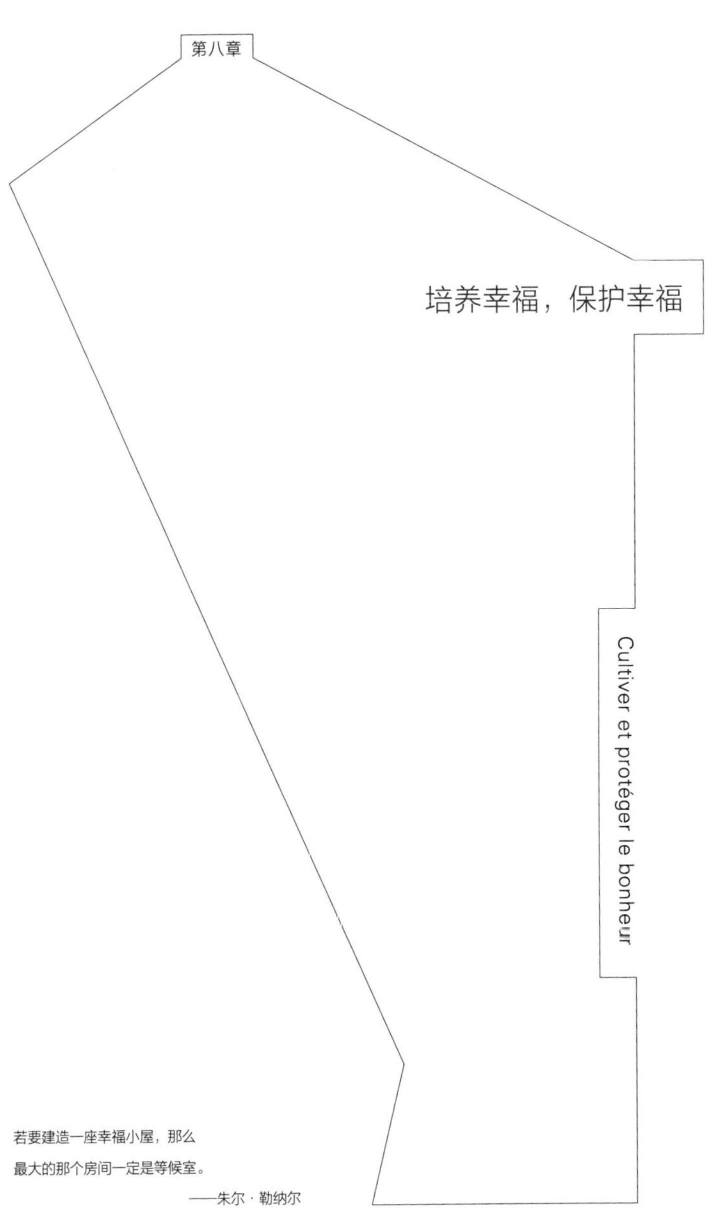

第八章

培养幸福，保护幸福

Cultiver et protéger le bonheur

若要建造一座幸福小屋，那么
最大的那个房间一定是等候室。

——朱尔·勒纳尔

期待自己能走近幸福？

那么第一个需要思考的问题便是：有没有“幸福制法”？我喜欢用“制法”这个词，这是一个被很多心理学家嗤之以鼻的词。对我来说，制法是一整套建议，帮助我们达到目标。字典中更准确的描述是：“完成一项家务活的特定步骤。”[1] 我们不停地求助于“配方”，求助于日常生活中的那些“窍门”。只需将其当作一种工作方式，让我们尽可能地接近追求的目标。

谈到幸福，如果认为幸福制法准确无误（“每次都行得通”）或者必须按部就班（“只有这样才行得通”），那么制法就变成毒方子了。所以，宗教领袖的训诫（“想把病治好？那么按照

1 《罗伯特辞典》(*Dictionnaire Le Robert*)，巴黎，Dictionnaires Le Robert 出版社，1990 年。

我说的去做。”）不同于心理治疗师的建议（“试试这样做，看看是否对你有帮助。”），前者是揭露的事实，后者是有待评估的建议。

“幸福制法”当然不只是建议，但是对于想要追求幸福的人来说非常有用。一些人依循制法，的确让自己更快乐。不过也不能完全听信，不是放之四海而皆准。而且，幸福制法只是一块敲门砖，不保障幸福一定能到来。

其次，追求幸福的普遍欲望，制订“幸福计划”，如同米拉博在1738年对好友沃韦纳格所说的那样：“我亲爱的朋友，这么做可不像一名哲学家。您一直在思考，在学习，您什么都想到了，但是您是否曾经有一刻想到制订一项固定的计划，以实现我们唯一的目的——幸福？”[1]

人生的要旨就是追求幸福？不管怎样，该为幸福投入多少精力？有两种对待幸福的态度：放弃或者尝试（同时伴随着不同的做法：放弃追求幸福并批判努力尝试的人，或者努力追求幸福并批判放弃的人）。

一旦决定追求幸福，“幸福计划”的方式不同，策略就不同。从用词上就可以看出区别：“追求幸福”（也就是说有可能找不到），或者“寻觅幸福”（更神秘也更执着）？追随幸福，甚至像司汤达所说的“猎取幸福”？或者是诺贝尔文学奖得主罗素

1 R. 莫齐，《18世纪法国文学与法国思想的幸福观》，巴黎，Colin出版社，1979年，261—262页。

笔下的“征服幸福”（充满火药味的进攻型）[1]？又或者是“幸福的艺术”？

“幸福的艺术”显然是最幸福的一种表达，更能体现幸福来临的变化：就像一种艺术创作，幸福来自各种努力的综合作用，启示、沉思、本能、控制与放弃，当下的快乐不意味着明天必然再有……

我们在书中自始至终都提到加强幸福的各种方向（“幸福制法”）。下文我们将谈谈策划幸福之旅的几个附加要素（“幸福计划”）。

决心要幸福

必须要渴望幸福，并亲身投入。
如果像观众一样在一旁观望，
幸福大门打开，走进去的却是忧伤。

——阿兰

保罗

以前我一直在等待幸福，现在我自己创造幸福。6岁时

1 B. 罗素，《征服幸福》（*La Conquête du bonheur*），巴黎，Payot 出版社，1962 年。

我母亲就去世了。父亲工作特别忙碌，几乎从来没有时间照顾我和姐姐。他自己一定很不幸，很少能感到快乐。小时候我很焦虑，生活毫无章法，没有方向。长大后，我和很多人一样，觉得自己很快就会死去。

30岁时我结婚并有了小孩。但是我依然不懂得享受生活，沉浸在烦恼和对别人的羡慕中，心情不稳定，不快乐。好几次我和妻子闹得很凶。这让我开始反思自己。直到那时，我一直等待着幸福，而幸福来了又走了。突然间，我意识到自己很傻，从来没有为幸福做出任何努力。我奋力工作，锻炼身体，积累家庭财富。但是我从来没有做过什么关于幸福的事：从来没有思考，生活毫无章法，任性多变。意识到这一点很重要，决心为幸福付出努力，耐心等待幸福到来，这就是我现在努力的方向……

追求理想幸福的计划

来自利涅亲王的建议

18世纪曾经有一股难以置信的思潮，多篇探讨幸福的论著为我们留下了饶有趣味的作品。由此才有了利涅亲王的与众不同、感人的幸福历程。这位奥地利帝国的元帅，完美体现了欧洲贵族的特质，留下一部用时代精英推崇的语言——法语写作的著作。书中提出幸福有六

个方面：[1]

"必须清醒地问自己：1. 今天我让别人快乐了吗？ 2. 如何让自己开心？ 3. 晚餐吃什么？ 4. 是否可以去拜访某位和善或有意思的人？ 5. 是否可以向那位心仪的女士表白？ 6. 出门之前，我是否读过或写过一段有新意、文字犀利、有用或让人舒服的篇章？——然后，尽可能地完成这六个方面。"

幸福计划同样可以从长计议："每周抽出两天时间，用于反思幸福。观察我们的人生。我身体健康……我富有，有一定社会地位，受人尊重，被人喜欢，得到重视……如果没有这样的反思总结，将会对幸福失去兴趣。"

为幸福而努力？

不断的幸福往往来自克修。不是基督教意义上的"禁欲"，而是来自希腊语"askésis"（练习、操练）。幸福不是一蹴而就、招之即来，而是随着时间慢慢累积培养，慢慢形成的。要为幸福的到来创造条件，充足准备。我们也看到，有些人在这一点上比别人更有天赋。但是所有人都离不开努力和练习，只是有些人的努力难以察觉，因为那已经成为他们的生活方式。

有必要取笑那些"一日一个幸福思考"的典型鸡汤模式

1　R. 莫齐，《18 世纪法国文学与法国思想的幸福观》，巴黎，Colin 出版社，1979 年，42 页。

吗？[1] 在我的幸福调查过程中，我遇到的很多人都从这些鸡汤书中得到过帮助，没有被书中的局限所误导。当然，当人们没有欲望聆听说教时，这些书的语句容易让人气恼，“情绪不相符”，也就是说无法引起共鸣。

另外，一些“幸福的健美运动员”毫不掩饰地晒幸福，表面看来永远优雅从容，可是私底下是不是也悄悄地忍受着幸福之路上的混乱不安和各种阻碍呢？读者有时候会感觉到书中建议的那些幸福太压抑、太沉重……尤其使人失去个性，因为幸福往往都一样，唯有不幸人人不同。

不过，也不能因为有人滥用幸福表现就忽略了幸福练习的合理性和有用性。每天的生活总是容易让人走偏了道路。

让我们再次回想普鲁斯特在《追忆逝水年华》中所描述的执着，只想找回玛德莱娜蛋糕的幸福回忆：“每一次都要重新开始，重新回想。每一次，懦弱都让我躲避所有艰难任务，放弃所有重要工作，让我一边饮茶，一边只想着今天的烦恼，反复咀嚼着未来的各种欲望。”

“懦弱让我躲避所有艰难任务……”我更想说的是各种诱惑，只想不费气力，自由放任，屈从退让，消极应对，任由日常琐事消磨生命。没错，我们的幸福真的需要付出努力……

1　参见 M. 奥克莱尔（M.Auclair），《幸福之书》（*Le Livre du bonheur*），巴黎，Seuil 出版社，1959 年。或 D. 格洛塞（D.Glocheux），《幸福捷径》（*Petits chemins du bonheur* ），巴黎，Flammarion 出版社，1999 年。

享受各种幸福

当我和病人们探讨幸福话题的时候，我们会一起思考四个词：生存、拥有、行动、归属。日常的各种幸福几乎都可以用这四个词来概括：

· 生存：睁开眼睛，知道自己活着、存在于这世界就很幸福。这是一种近乎动物本能的幸福。

· 拥有：拥有一本书、一件心仪的物件，在喜欢的地方生活，冬天拥有温暖，夜晚拥有光明。

· 行动：行走、工作、与好友交谈、想象，创造、制作、维修的幸福感。

· 归属：有家的港湾，与欣赏的人一起工作，得到朋友的喜爱。

这四组幸福看起来如此简单而普通，往往被人遗忘。幸福的练习就是要睁大眼睛发现幸福，尽情享受，悉心呵护，一次次体验这些小幸福，让幸福蔓延。英文有一句话漂亮地表达出这一点："Count your blessings！"[1] 细数主的恩赐，知足常乐……

1 《J.-L. 塞尔旺－施赖伯访谈》(*Interview de J.-L. Servan -Schreiber*),《心理学》(*Psychologies*)，2002年213期，114页。

下文是我的好友奥利维耶的童年回忆：

父亲是一个很虔诚的人。当我还是小男孩的时候，每天晚上临睡前，他都会到房间里和我拥抱道晚安。我们一起跪在床前做祷告。祷告很简单，其实就三个部分，归结为三个词：原谅、保佑和感恩。原谅，请上帝原谅我们当天做错的事。我不是很喜欢这部分，有时候我真的找不到需要被原谅的地方，觉得那是大人们的伎俩……保佑，请上帝帮助我们完成某件有难度的事，这部分有意思多了，不过我还是经常要绞尽脑汁才能想到需要上帝帮忙的事。这两部分，父亲从不坚持要求我一定要说。感恩这部分，父亲从不会忽略，如果某一天找不出什么值得感恩的事，父亲会说“那不可能”。于是我们一起回忆，直到找出一大堆平凡无奇的小事，足以感恩上帝。

有时，我需要花很长时间寻找，类似今天阳光灿烂，我找到了丢失的足球袜……有时，实在是强迫自己，比如心情不好的时候却非要感恩。不过大部分时间，回忆白天经历的快乐时光是一件温馨的事。有时真的很搞笑，我们俩都开怀大笑。我们的信仰是快乐的。

长大之后，这个小仪式不再继续，我也忘记了是怎么停止的。但不管怎么说，曾经的祷告是很美妙的，让我学会了除了成功和礼物之外，还有很多让人快乐的事，而且从来不要忘记活着就是一件幸事。

不要总是一成不变

克莱尔

昨晚7点左右，工作了一天的我疲惫无力，和三岁的小女儿待在厨房。她专心地吃酸奶，我在整理乱得一团糟的厨房。我满脑子都是没做完的事,这个晚上注定休息不了，第二天上班又很累……女儿和我说话，但我忙着做各种烦人的小事，根本顾不上回应她。

突然间，我停了下来。我感到不对劲。我意识到事情变得很荒谬，我竟然因为女儿需要我的关注而生气，尤其是我居然把洗碗这种事看得比她更重要。

我放下抹布，走到她身边。我们专心地交谈，我全身心地投入，观察她，听她说话。慢慢地，我感到内心升腾起一股淡淡的幸福感。我们又一起做了拼图游戏，我给她读了睡前故事。我没有对自己说：快点儿快点儿，还有晚餐没做，还有电话没打。我对自己说，还有时间，现在正在做的事才最重要。

老公回到家时，晚餐根本没有做，厨房也是一团糟，但是我感觉很好。接下来要做的那堆事，再也不会让我觉得不可忍受了……

在普通的一天里，我们经常面临多种选择。

可以选择继续按部就班地过日子，保持成人的忙碌和焦虑（因为生活原本就不容易）。

也可以选择不要总是一成不变，让自己喘口气再继续。休息是暂时的，生活总要继续。但是可以时不时让自己停一停。选择一条捷径，即使前一秒钟还未曾想到。

这位克莱尔为我们讲述了一系列类似的小捷径：

- 下班路上花时间去买一块蛋糕；
- 不要直奔回家，而是去和女友看场电影；
- 周日上午安心赖床，不必去想还有一堆家务活儿要做……

尽可能给自己多一些小快乐，轻松生活……

设定目标，但不是强迫性的困扰

关于追寻幸福，孔特－斯蓬维尔曾经一语中的地指出："让自己忙于真正有用的事，工作、活动、享受、爱情、全部生活。幸福若来临，那是幸事；如若没来，也毫无损失。"

当然，幸福优先，但是要让幸福不依赖任何事物，做到断舍离。这就是设定目标和强迫性困扰之间的差别。这么说，是否与上文的建议（幸福需要努力）自相矛盾呢？当然不是，只不过这是所有幸福初学者遇到的困难之一，必先身体力行，而后才能超越苦难……

最幸运的是，对幸福的期待、准备和追寻，同样也是一种幸福，或者说让幸福更快出现。狄德罗曾经写道："不要让我远离幸福最美好的部分。我给自己的幸福承诺总是比幸福来得更快乐。"朱尔·勒纳尔的说法更漂亮："寻找幸福，就是幸福。"

幸福种植术

就像园艺一样，幸福也不是一件一蹴而就的事。我们在前一章看到，幸福像除草一样需要费时费心。除了除草，还需要播种、灌溉、各种劳作。这是一份需要耐心的事，有时候结果不尽如人意，有些季节收获变少。所以，享乐成瘾的人几乎感受不到幸福，因为他们只想要快速得到回报。

幸福没有来临，或者转瞬即逝，失望和泄气无疑是我们这个时代的典型，因为这个时代似乎一切皆唾手可得。而事实上，幸福需要付出努力，需要时间。幸运的是，我们往往高估了一天内能做的事（最后往往失望），低估了一年内能做的事（只要没有过早放弃，坚持将会带来惊喜）。

缓缓上升的曲线

各种最佳的幸福练习（饮食节制、戒烟、坚持运动……），一遇到与生活目标背离的时候，往往就被忽略了。例如，在一次晚会上再次抽烟，赤裸裸地说明没有自制力，而且很有可能会把一次小小的失误变成彻底的失败。

对幸福来说同样如此：决心为幸福付出更多努力，不代表总有好心情（虽然身边人也狡猾地指出来：“瞧瞧，你不是说要寻找幸福吗？怎么心情还这么糟？”）。为幸福而努力，仅仅说明希望越来越多、越来越持久地感受幸福，不再把幸福搞砸，不再错过幸福。生活琐事总能不期而至，一次次地打击我们追求幸福的决心。

心理治疗师很清楚，个人发展曲线从来不会是一条笔直的直线，不可避免地有各种曲折，需要应对失误，经历情绪低落，消沉萎靡，随后重新开始。从长远看，无须担心，曲线呈缓慢上升状，用安德烈·纪德的话说：“只要是上坡，往上走就没错。”

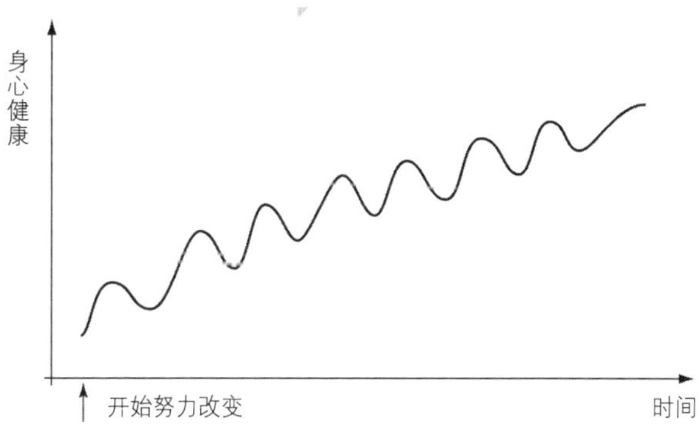

注：个人变化发展曲线（必须从曲线发展趋势来评定，不能仅仅去看无可避免的锯齿状起伏）。

总是睁大眼睛

“力争睁大眼睛走进死亡。”这句话出自玛格丽特·尤瑟纳尔（Marguerite Yourcenar）笔下的罗马皇帝哈德里安。这句话说的是一种幸福吗？培养幸福意识，意味着从不忘记或忽视各种机遇。有幸生活在民主、富裕、和平的国度，工作有保护，健康有保障……所以，幸福一定会面对世界，面对不幸。我们可以思考一下，那些悲剧电影、悲情小说除了让我们激动，更多的是能让我们意识到仍有不幸，并更清楚地体会到我们是何等幸运。

哲学家萧沆建议的做法是：“到墓地里待上 20 分钟，你将会看到，你所谓的忧愁虽然没有消减，但已成为过去……如果意识到一切终将烟消云散，那么发生在你身上的所有事情都不足为奇，不再夸张严重，不会再让你无比失望。”[1] 我们也曾说过：意识到幸福是脆弱的，同样也意识到生活是脆弱的。只是焦虑的人会说：“随时可能遭遇不幸，如何让人幸福？”而幸福快乐的人则会说：“既然不幸随时可能出现，为何不尽可能地让自己幸福？”

1 萧沆，《对话录》（*Entretiens*），巴黎，Gallimard 出版社，1995 年，314 页。

我想起曾经的一位女病人，她沉浸在担心小宝宝会死去的焦虑中（她姐姐的孩子刚出生不久就夭折了）。治疗很艰难，历时很长，治愈类似焦虑症的方法并非要杜绝一切死亡危险（家人和医生早已尝试过），而是帮助她思考死亡，不是反复去想，是更好地面对，最终做到可以谈论死亡。她的焦虑使她无法享受和孩子在一起的幸福，在她眼里，宝宝就是一个脆弱的小生命，无时无刻不受到死亡的威胁。

经过长时间地讨论儿子可能面临的死亡危险、各种面对死亡的演练之后，[1]这位病人渐渐地明白了最核心的一点：不管明天会发生什么事，最重要的是把所有精力倾注在享受今天和儿子在一起的幸福。治疗接近尾声时，病人终于可以和我谈论唯一的关键问题："如果明天儿子不得不死去，今天我该全力做什么？是焦虑，还是幸福？"

人性的幸福

拉法尔

有时，我会因为幸福而感到局促不安，甚至有一种羞耻感。这个世上还有太多的苦难，我明白个人的幸福与不

1 R. 拉杜瑟尔、A. 马尔尚、J.-M. 布瓦韦尔（R.Ladouceur,A.Marchand,J.-M.Boisvert），《焦虑症：认知与行为研究》（*Les Troubles anxieux. Approche cognitive et comportementale*），巴黎，Mason 出版社，1999 年。

> 幸其实很渺小，改变不了这个世界。不仅如此，我的幸福会让别人不舒服，激怒他们，甚至更糟糕的是让他们感到不幸，使他们难以感到幸福。我怀孕时，有一次碰到一位无法生育的朋友，我感到很尴尬。同样，面对某些人时，我会为自己的幸福感到过意不去。所以，我有时会掩饰幸福，闭口不提……

如何不为幸福而恼怒?

曾经经历过严重抑郁症的作家皮埃尔·达尼诺斯（Pierre Daninos）[1]写道："人往往看不到自己的幸福……别人的幸福却总在眼里。"

幸福是一笔财富，也许是最珍贵的财富，至少是不应该引起愤怒和嫉妒的，因为幸福人人可得，不以物质衡量。然而，我们却看到，幸福也会引人气恼，甚至会因此而冒犯他人，如同美貌一样。作家米歇尔·图尼耶（Michel Tournier）曾说过，美貌"无情地伤害了我们"。所以事实上，幸福更像美貌，而不是健康，是天赐幸运和个人努力的结合。也许，幸福招致嫉妒，还因为幸福是一笔难以分享的财富，很多人无法得到。

1 P. 达尼诺斯（P.Daninos），《往下 36 级》（*Le 36e dessous*），巴黎，Hachette 出版社，1966 年。

弗洛里安寓言里的蛐蛐说："想要幸福地活着，就别声张。"我们该如何解读这句话？难道离群索居更容易获得幸福？还是说幸福应该低调，才不至于冒犯他人？确实需要低调，但不只是如此……

幸福的义务

狄德罗是第一位提出幸福义务的人："人只有一个义务，那就是必须幸福。"

除此之外，还有另外的幸福义务，指的是幸福的人必须要做的事。幸福恰到好处地成为其他所有类型财富的道德义务：谦卑和慷慨。我们已经说过，对幸福的人来说，无私更容易，幸福本质上是慷慨的。应该尽可能地想到将幸福与他人分享，散播快乐。

普世的幸福存在吗？

人是一种社会动物，怎么可能不顾及身边人而独自幸福呢？生活在社会群体中，可能实现的幸福都是那些不妨碍他人的幸福，如纪德所说："那种伤害大部分人才能获取的幸福，千万不能要。"

这或许就是很多人梦想的幸福乌托邦的条件：幸福的人不

打人，不偷盗，不杀戮，不言他人短，不憎恶想法或生活方式与自己不同的人……我们知道，这种幸福畅想无法自上而下地强制执行，只有成为社会每一个成员的持久习惯才有可能实现。这正是鲍里斯·维安所指出的：“普世的幸福来自每一个人的幸福……”

乐观主义：马克斯，老实人赣第德，水中的小白鼠

乐观主义就是：她迟到了，只能说明她还没到而已。

——萨沙·吉特里（Sacha Guitry）

哈德里安

我在大学里认识马克斯，当时我发了一个小广告寻找市中心一套公寓的合租人。马克斯是一个快乐和善的男生。不仅如此，他更是一名身体力行的乐观派。我这么说，那是因为马克斯不仅思想乐观，对未来抱有热忱和希望（他说自己相信人类的智慧），而且将乐观付诸行动，朋友们都能看到他每天的乐观举动。

一天，我们一起坐飞机。我们迟到得很厉害，飞机起飞前一刻钟都还没到机场。我准备放弃，打算原路折回，

马克斯看到我竟然有这样的念头似乎特别惊讶，他一口拒绝了我的提议："谁知道呢，说不定机长也正堵在路上……"不知道是否真的被他说中了，反正我们到机场之后，航班晚点一个小时。我们赶上了航班。马克斯比我更享受一路的飞行，我很紧张，而他却听天由命："尽全力就可以，生气解决不了任何问题。"

追女生的时候，马克斯毫不畏惧，即使面对最漂亮的女生也不迟疑，总能抓住机会。不过他观察细致，一旦感觉到机会渺茫，就会立即收手，不浪费时间纠缠。"总是要试一下才知道，"他解释说，"只有这样才能抓住机会，没必要一整晚就那样远远地看着。"他很放松，举止自然，总是带着微笑，成功率很高。一旦不成功，他马上转战另一位女生，绝不会为失败而气馁。他从不把女生的拒绝当作一种失败。

一天，我们谈起了这种乐天派精神（其实兄弟们更感兴趣的是他泡妞的技术），他说："我总是往好处想，除非有很确凿的迹象表明不能成功。就算忧郁，我也不会畏手畏脚。不去尝试比失败更让我感到难过。失败很正常，不去尝试才有问题。"

马克斯不喜欢考试，复习也只是马马虎虎，但总能考过。他会尽可能地动用所知道的知识，从来不会怯场，总是相信能考过。他也不会胡来，他会去找高年级学长探听以往的考试内容，知道哪些部分需要重点复习，哪些部分可以一带而过……

有烦恼或忧愁的时候，他也容易动容，但从不消沉。他真诚相信幸福会再来，如同雨后天晴，柳暗花明。乐天派的生活就是这样的。只有悲观的人才会被困在不幸之中。

我从来不知道马克斯从哪里得来的这种乐观精神。他的生活很普通，父母也很普通。他爸爸是意大利裔泥水匠，总是乐呵呵的，妈妈是一位勇敢的罗马家庭主妇，心平气和地照顾五个孩子，从不大声嚷嚷。

毕业之后，我们再也没有见过面。我最后一次见他依然是在机场。这次机场记忆更深刻，我想是因为我对飞行有恐惧。快要登机时，马克斯突然发现自己的机票和证件找不到了。我们身后还排着长长一队乘客，乘务员有点儿不高兴了。说实话，要是我，一定会紧张得不知所措。马克斯则没有，他安静地站到一边，让其他乘客先过，还轻松地对我说："5分钟前过安检的时候还在，安检就在那边不远，我肯定能找到……"果然，他淡定地在安检处找到了机票和证件。

我知道马克斯现在是一所中学的法语老师。学生的家长肯定很开心，马克斯一定会传授给孩子很多书本上学不到的东西。

什么是乐观主义？

乐观主义的定义表达了一种精神，“从好的一面去看待事物，忽略令人不快的部分”，“快乐地相信事情总会变好”。[1]

乐观主义是一种人格特质，大量心理学相关研究发现乐观与身心健康和幸福感息息相关。[2] 从乐观主义者身上可以看到良好的情绪带来的愉悦感，以及对高品质生活的影响。[3] 经验心理学研究几乎一致表明，重大疾病发生时，乐观主义对健康具有积极影响，[4] 如同手术[5] 和治疗[6] 一样有效。

乐观主义不局限于某一种思想态度（对未来充满信心），而是有多种积极的态度，遇到人生艰难时身体力行地去应对，[7] 打听信息，寻找解决办法，为解决问题制定策略，调整精神状

---

1 《罗伯特辞典》（*Dictionnaire Le Robert*），巴黎，Dictionnaires Le Robert 出版社，1990 年。

2 C. 彼得森（C.Peterson），《乐观主义的未来》（“The future of optimism”），《美国心理学家》杂志（*American Psychologist*），2000 年 55 期，44—55 页。

3 M.F. 沙伊尔（M.F.Scheier）等人，《乐观主义、悲观主义和心理健康》（“Optimism, pessimism and psychological well-being”），摘自《乐观主义与悲观主义》，E.C. 昌编辑，华盛顿，美国心理学协会，2001 年，189—216 页。

4 C. 彼得森等人，《悲观阐释风格具有引发心理疾病的危害：35 年跟踪研究》（“Pessimistic explanatory style is a risk-factor for physical illness：A thirty-five year longitudinal study”），《人格与社会心理学》杂志，1988 年 55 期，23—27 页。

5 S. 盖拉蒂（S.Guellati）等人，《乐观主义对手术结果的影响》（“Le rôle de l'optimisme dans les suites opératoires”），《认知与行为治疗》杂志（*Journal de thérapie comportementale et cognitive*），2000 年 10 期，15—29 页。

6 S. 盖拉蒂，《心理健康的乐观主义概念》（“Le concept d'optimisme en psychologie de la santé”），《认知与行为治疗》杂志，2000 年 10 期，5—14 页。

7 I. 布里塞特（I.Brissette）等人，《乐观主义对拓展社交网、生活转折期心理调整的影响》（“The role of optimism in social network development, coping ands psychological adjustment during a life transition”），《人格与社会心理学》杂志，2002 年 82 期，102—111 页。

态和思维模式……

心理学研究提供的证据可以让我们进一步明确什么是乐观主义：面对不确定性，认为存在可行的解决办法，并为寻找解决方案而积极行动。所以，乐观主义的思想和行动是一致的。

对乐观主义的漫画讽刺：老实人赣第德

有无数成见和偏见都与乐观主义背道而驰。乐观主义遭到怀疑，成为嘲讽的对象，“乐观派都是纸上谈兵”，甚至被认为是目光短浅、缺乏智慧的人。所有这一切都归咎于伏尔泰，归咎于他笔下的著名人物——老实人赣第德……

《老实人》（*Candide*）这部具有哲学思想的小说，无疑是伏尔泰最广为人知的作品之一。德国哲学家莱布尼茨的哲学理论认为这个世界是上帝最好的造物，总之“一切和谐”，而伏尔泰的《老实人》则是对这套理论的驳斥。

老实人赣第德是一个思想简单、直来直去的德国青年，出身贵族但是庶出，从小被男爵森窦顿脱龙克收养。城堡里的家庭教师潘葛洛斯，是莱布尼茨的拥护者，信奉“在这尽善尽美的世界，一切都将完美”。正是这位家庭教师，让年轻无知的赣第德成为一个天真的乐观主义者。有一天，男爵无意中撞见赣第德在亲吻自己的女儿，一怒之下把赣第德赶出家门。老实人离开了这个天堂般的庇护地，从此之后，烦恼不断。一路从布宜诺斯艾利斯到君士坦丁堡，他经历了各种严酷的考验，也见识了各色离奇的事，渐渐地回归理智（伏尔泰的观点），最终不再天真乐观，而是脚踏实地“耕种菜园”，不再像以往一样因为空想而困惑。

伏尔泰是否对乐观主义抱有偏见？他在撰写《老实人》时，里斯本大地震使他震惊了（1755年的这场大地震摧毁了整座城市，令全欧洲陷入惊恐之中），七年战争的恐惧也令他震撼。伏尔泰被国王驱逐，流亡在法瑞边境的费尔南村，陷入深深的悲观之中：“终有一天一切会变好，这是期望。若说今天一切都好，那便是幻觉了。”[1]

难道这就是为什么乐观主义比悲观主义更容易招致批评？其实，人们更喜欢乐观主义者的陪伴。难道这一切都是出于对乐观派的嫉妒？乐观主义总是被认为缺乏远见，因为他们总是以积极的态度看待世界，总是认为没有什么大不了。也许乐观主义不免有些盲目，狭隘地希望自己看不见现实的阴暗面。在小说中，伏尔泰故意让老实人一路上亲见世间的所有困难，一次次证明他的乐观主义哲学立场的空洞无用。

事实上，关于乐观主义的现代研究表明，乐观主义不仅仅是一种精神状态（期待最佳，而不是最糟），同时也是一种影响行为方式的生活态度（为了美好而行动）。所以，和伏尔泰所想的不同，乐观主义恰恰完美适应了“残酷世界”……

1 伏尔泰，《老实人》(*Candide*)，巴黎，Hachette出版社，经典丛书，1991年。

乐观主义的智慧

乐观主义的智慧，是作家蒙泰朗在笔记中提到的："任何智慧，莫过于见山是山见水是水，乐观世界，通俗地说就是感觉良好。"乐观主义者坚信，明智和身心平衡是一致的。

"傻呵呵"或"盲目的"乐观主义，其实不过是心怀妒忌的悲观主义者的诬陷！乐观主义通常都是一种智慧，乐观主义者比人们所想的更有远见卓识，更能审时度势、能屈能伸。[1]

研究指出，面对困难时，乐天派比悲观者的应对更迅速有效，更加不屈不挠（"一定能找到解决办法"），除非看到努力无济于事否则绝不放弃。曾有一项心理学实验，要求参与者完成一个拼图游戏，拼图被特殊处理过，其实根本无法完整正确地拼出。在毫无选择的情况下，乐观者和悲观者一样，在规定的 20 分钟内不断尝试完成任务。但是当提供给参与者三套拼图时，乐观者比悲观者平均早 4 分钟放弃无法成功的第一套拼图，转向第二套。[2]

乐观主义者不愿意看到事物的消极面的说法，已被科学实验

---

1 L.G. 阿斯平沃尔（L.G.Aspinwall）等人，《了解乐观主义模式：乐观主义者信仰与行为适应性调整的观察研究》（"Understanding how optimism works : An examination of optimist's adaptative moderation of belief and behavior"），摘自《乐观主义与悲观主义》，E.C. 昌编辑，华盛顿，美国心理学协会，2001 年，217—238 页。

2 L.G. 阿斯平沃尔等人，《有他选情况下，乐观主义和自我把控使人更快速脱身于无结果任务》（"Optimism and self-mastery predict more rapid disengagement from unsolvable tasks in presence of alternatives"），《诱因与情绪》（*Motivation and Emotion*），1999 年 23 期，221—245 页。

证明是无稽之谈。研究人员通过观察学生阅读健康危害说明（药物、阳光暴晒、吸烟等）的时间发现，与大家认为的不同，乐观的学生阅读注意事项比普通内容的部分更仔细，花费更多时间。而且更加关注危害部分，包括抽烟的危害，过量服用维生素对健康的危害等。[1] 而且在后来，乐观的学生接受了认为正确的部分信息，相应调整了自己的行为方式。[2] 有多种原因可以解释为什么乐观主义者更加灵活，尤其得到多项实验证实的原因是正面情绪的影响。心态越积极的人，越容易接受与健康有关的信息。[3]

自我暗示或自我欺骗的鸵鸟模式常常被认为是乐观主义者的心态，事实证明并非如此……

积极的幻想?

所以，没有“盲目的”乐观主义，远见睿智往往更多体现在乐观主义中，而不是悲观主义中。不过，要指出一个很微妙的理论点：乐观主义的否定和幸福的关系。狄德罗的情妇皮西厄夫人曾写道：“如果能让我快乐，我宁可犯错，也不会做让

---

1 L.G. 阿斯平沃尔等人，《乐观不等于拒绝，乐观主义者更关注健康问题》（“Distinguishing optimism from denial：optimistic beliefs predict attention to health threats”），《人格与社会心理学通报》，1996 年 22 期，993—1003 页。

2 S.E. 泰勒（S.E.Taylor）等人，《乐观主义、问题应对、担忧和男性高风险性行为与艾滋病患病率的关系》（“Optimism, coping, psychological distress and high-risk sexual behavior among men at risk for AIDS”），《人格与社会心理学》杂志，1992 年 63 期，460—473 页。

3 R. 拉古纳丹、Y. 特罗普（R.Raghunathan,Y.Trope），《感觉良好与感觉正确之间的微妙平衡：接受信息的情绪影响》（“Walking the tightrope between feeling good and being accurate：mood as a ressource in processing persuasive messages”），《人格与社会心理学》杂志，2002 年 83 期，510—525 页。

自己失望的事。”

乐观主义显然建立于一系列“积极幻想”之上。这些幻想只不过是一种信念，比其他信念更坚定，事实也证明更有成效。据一项针对年长者（平均年龄63岁）的23年长期跟踪研究报告显示，当初对衰老抱有积极态度的人（老了仍可以老当益壮，岁月让人成长），比当初怀着消极态度的人平均寿命增加7.5岁。[1]

美丽人生

乐观主义最令人心醉也最充满希望的例子便是电影《美丽人生》（*La Vie est belle*，1999年）。这部让人笑着流泪的电影是意大利导演罗伯托·贝尼尼的作品，他本人在剧中饰演了一位与儿子一同被送进纳粹集中营的父亲。为了不让儿子看到集中营里的暴力和残酷，这位父亲虚构出一幅庞大的“积极幻想”，让儿子沉浸在虚构的世界中。他告诉儿子集中营的生活是一场有点儿残酷的模拟游戏，他们两人要共同完成游戏，赢得大奖（儿子梦想的奖品）：一辆大坦克！父亲竭尽全力让儿子相信这场真实的游戏，最终儿子活了下来，爬上了解放集中营的美国军队的坦克……

还有其他有效的“积极幻想”，比如重疾病患者的正面设

1　B.R.利维（B.R.Levy）等人，《对年龄抱有正面认知的人寿命相对增加》（“Longevity increased by positive selfperceptions of aging”），《人格与社会心理学》杂志，2002年83期，261—270页。

想（“我能挺过去，一切会恢复如往常……”）。[1] 我们还想指出，“积极幻想”不是一种对问题或困难的不同评估，也不是否认问题（只要问题真实存在，那么对乐观主义者和悲观主义者来说都是一致的），而是一种“有效的期待”，也就是说相信自己可以做些事情来面对问题。这才是乐观主义者和悲观主义者的巨大差别。

目前，有大量关于“积极幻想”的研究，很多人文科学家对这一现象都很关注。比如，有专家致力于研究短期奏效的积极幻想如果从长期看是否失效，[2] 或者研究积极幻想是否仅适用于某些领域（增强重疾抵抗力的效果比促进学业进步更有效）。换句话说，乐观主义已经显示出的优势是否存在局限？也许仍需多年才会有答案。那么在这之前，就让我们保持乐观，或者学着乐观吧！

如何让小白鼠成为乐观主义者？

准备一个内壁光滑的酿酒桶、不透明的液体例如牛奶，以及一定数量的小白鼠。将小白鼠随机分成两组，全部单独放进装满液体的酿酒桶中测试，液体高度要漫过小白鼠。

---

1 S.E. 泰勒等人，《心理支持、积极幻想与健康》（“Psychological ressources, positive illusions and health”），《美国心理学者》杂志（*American Psychologist*），2000 年 55 期，99—109 页。

2 R.W. 罗宾斯、J.S. 比尔（R.W.Robins,J.S.Beer），《自我的积极幻想：短期效用与长期代价》（“Positive illusions about the self：Shortterm benefits and long-term costs”），《人格与社会心理学》杂志，2001 年 80 期，340—352 页。

如果想要发现有趣的现象，那么你可以给这两组小白鼠设计一下不同场景。第一组小白鼠的水池里有一个隐藏的避难平台，它们从水里看不见平台，但是在疯狂挣扎游来游去寻找生路的时候会触碰到，可以爬上平台喘口气。第二组小白鼠则没有任何喘息的机会，必须不停地游。

计算两组小白鼠的游泳时间（扣除第一组的休息时间），并在相同时间后，将小白鼠从酿酒桶里取出，让它们把身体晾干，得到休息。然后，再次把小白鼠单独放入酿酒桶中。这一次，两组小白鼠都没有可以休息的避难平台。观察并记录小白鼠奋力游泳直到筋疲力尽、彻底放弃的时间（别忘了及时把小白鼠拿出来，它们一定会感激不尽）。

看看第二次测试结果如何。曾经遇到救命岛的第一组小白鼠，比认为没有逃生希望的第二组小白鼠，平均求生的持续时间多出一倍。[1] 溺水窒息但最终幸免于难的小白鼠中第一组居多。

乐观主义源自何处?

现在各位知道如何让小白鼠更加乐观了，但是各位应该也明白乐观主义并非与生俱来……

人类的乐观主义培养机制，和实验里的小白鼠情况相似：

---

1 摘自 R.G. 莫里斯（R.G.Morris），《空间定位不要求环境线索》（“Spatial localization does not require the presence of local cues”），《习得与动机》（*Learning and Motivation*），1981 年 12 期，239—260 页；R. 布朗代（R.Brandeis），《借助水迷宫试验的记忆与习得研究》（“The use of the Morris Water Maze in the study of memory and learning”），《国际神经学》杂志（*International Journal of Neurocience*），1989 年 48 期，29—69 页。

经历过有付出有收获的人将更容易变得乐观（至少对于经常成功的人来说）。相反，若多次惨遭失败，尤其遇到毫无办法、让人感到无能为力的处境时（称为“习得性无助”），人将变得悲观，容易放弃寻找克服困难的方法，退缩放弃，萎靡不振。

而且，父母积极或消极的处事方式，鼓励孩子或打击孩子自信心的做法，同样对孩子未来的乐观精神的养成具有极大影响。[1]

痛苦的生活经历（情感创伤、心理或肢体暴力、遭受抛弃等），通常会造成“人格障碍”。这些人格障碍往往表现为极为病态的人际关系（例如过度依赖或难以控制的攻击性），对社交关系极度悲观（“我早就知道肯定没好结果”）。不过，如同心理学理论所说，没有改变不了的事……最近一项针对类似病人的案例研究表明，[2] 通过心理治疗建立和发展乐观思想，更容易消减对生活的消极态度，就算这种消极态度由来已久，也仍有希望改变。

践行乐观主义

哲学家阿兰曾写道：“悲观主义是一种脾性，乐观主义则

1 M. 塞利格曼（M.Seligman），《学会乐观》（*Apprendre l'optimisme*），巴黎，Inter 出版社，1994 年。

2 A. 霍法特、H. 塞克斯顿（A.Hoffart et H.Sexton），《个人问题的图式认知治疗过程中乐观主义的作用》（“The role of optimism in the process of schema-focused cognitive therapy of personality problems”），《行为研究与心理治疗》（*Behaviour Research and Therapy*），2002 年 40 期，611—623 页。

是一种意志。”没错，保持乐观还需要而且总是需要付出努力！有好几种不同的努力方向都是可行的。

不偏不倚

我们已经看到，乐观思想表现为现实主义、信心和实用主义，既不同于积极思想，也不同于悲观思想。

乐观思想是一种现实主义

积极思想	乐观思想	悲观思想
“什么问题都没有，一切都非常完美。”	“有点儿问题，不过我可以搞定。”	“这些问题根本无法解决。”
“我很完美，所有人都喜欢我。”	“我有自己的优势，也不乏缺点，不过有些人就喜欢我这样的。”	“我太卑微，没人会喜欢我。”

三思而后实践之

乐观主义的培养需要实践，也需要思考：做一个“彻底”的乐观者，就要付诸行动。好几项研究均指出，实践将实实在在地有利于培养乐观主义。[1]

检查自己的预言

可以把努力归结为以下四个主要阶段。治疗师通常会设想

1 J.H. 里什金（J.H.Riskinf）等人，《对症下药：乐观主义训练》（“For every malady a sovereign cure：Optimism training”），《认知心理治疗》杂志，1996 年 10 期，105—117 页。

出情景，要求病人面对这四个阶段：

· 最糟糕的做法（悲观想法）；

· 最佳做法（积极思想）；

· 根据情况做出协调和让步（旨在产生现实主义思想，介于积极思想和悲观思想之间，前两者适应性很低）；

· 系统性、有的放矢地检查结果（实践出真知，往往是最好的治疗）。

“拥有信心”？

路易

乐观主义，就是关于信任的事。简单地说，生活和人际关系有两种方式。要么是一开始以不信任为主，而后再根据经历对人对事调整看法。这种做法有效，但比较累。要么完全相反，一开始以信任为主，然后认真观察结果。这种做法也有效，而且活得比较开心。

我很幸运，我父母教会我信任他人，明辨是非。我总会给人机会。每遇到一段新关系，如果总分是20分，那么我的曲线从10分开始，然后随着进一步接触或上升或下降。我知道有些人的曲线从0开始，必须赢得他们的信任。还有一些人则一开始便是20分。我太太就是这种人。她必须眼见为实，亲身体验，才会给人差评。她总能替别人找到理由。像她这样有一点不好，就是每次当她发现看错人的时候，她会失望。不过幸好不经常有，也不至于太严重……

悲观主义心理介入治疗案例

（让-菲利普，36 岁，正在接受抗抑郁症的认知治疗）

处境	第一反应	认真思考，可能会发生的最糟糕的情况	认真思考，可能会发生的最佳情况	认真思考，最有可能发生的情况	我做些什么能有所帮助？	最终发生了什么？
高架堵车	我的约会肯定迟到了	全城大堵车，我会堵在路上 5 个小时	很快就好，5 分钟后全线畅通	我迟到了，不过他们会等我	放松心情，不用焦虑，不要为了迟到而紧张，既然堵车无法改变，没必要给自己再增添烦恼	我迟到 10 分钟，不过对方也遇上堵车，我们同时抵达约定地点
家里将举办一场 50 人派对	我们没这个能力，派对会被搞砸	客人觉得无聊透顶，点心和饮料不够，太多人挤在小屋里，把家里东西都砸坏了	对客人来说，这是今年最棒的派对	派对很开心，和往常一样，因为大家都是好朋友	我把家具挪开，腾出地方，准备了充足的点心和饮料	大家整晚都很开心，除了打碎几只杯子
面试	我太紧张，给人印象不好	我没有被录取	我被录取了，而且是一个更高的职位	面试官很有经验，知道候选人往往都会紧张	面试之前，一位做人事工作的朋友为我做了模拟面试	我被录取了

其实，乐观主义首先是一种对生活的信任，是面临危险或失望时的一种信念，告诉自己该如何应对。我们曾经提到，乐观主义不只是一种“世界观”（现实且恰当的积极态度），也是一种“改变”世界的能力，懂得如何得到认可，加强自我控制……

所以，我们所说的乐观主义，绝不是平静而慵懒的幸福，而是幸福的积极行动，且不乏睿智……

培养幸福的智慧

幸福少不了用脑子。

——我的一位病人

雷米

最初遇见我妻子的时候，我们遭遇了文化的鸿沟。她来自一个中产阶级家庭，我出自工人家庭。她对读书没什么兴趣，我却对书本孜孜不倦。她快乐开朗，我动不动就焦虑。我们的生活方式完全不同。我记得，我们一起度过第一晚，到了第二天吃早餐的时候，问题就暴露了。我的早餐通常是5分钟搞定，一边站着两三口就把咖啡喝完，一边想着这一天要做的事情，工作、购物、上课……那一

> 天早上，在她家里，她铺上了白色的桌布，打开音乐，摆好了餐具，对我说："这是我们一起享受的第一顿早餐，让我们好好享受，怎么样？"我有点儿狼狈，不知所措。我心想，这么隆重有必要吗？太浪费时间了。我的幸福就像是野蛮人，而她是文艺青年。后来，随着我们关系的深入，我明白她是为了尽可能多地感受幸福时刻。而且，和我相比，她拥有一个巨大的优势，那就是她对于幸福的一种平和心态和睿智……

为了幸福，付出最佳精力和智慧是有用的。有些人还让我们看到了幸福的智慧。这种幸福的智慧是什么，又该如何培养和发展呢？

观察幸福的人

我们在上文提到，幸福的能力来自多种微妙的心理作用。幸福的能力并非是唯一的，也不存在某种放之四海而皆准的模式。面对各式各样的幸福，最佳学习方式便是观察那些最具说服力的幸福的人，这就是心理学家所说的"社会化学习"。[1] 那

1 A. 班杜拉（A.Bandura），《社会化学习》（*L'Apprentissage social*），布鲁塞尔，Mardaga 出版社，1980 年。

些懂得幸福的人是如何做到的？我们都应该为自己挑选幸福的教授，不一定非要让他们知道，要知道，榜样的力量比谆谆教导来得有效得多……

艾丽丝

我看到的最有幸福天赋的人，是叔叔皮埃尔。他的童年并不幸福，很小的时候父亲就去世了，他被寄养在寄宿学校里。他很年轻就得了严重的风湿病，只能一辈子坐轮椅。尽管如此，他还是活得很快乐，一直觉得自己很快乐，而且的确看起来很幸福。他从不说教地告诉你该怎么幸福，他用行动做给大家看，太有说服力了。

有一次，他来度假，住在我们家里。我们家里有点儿小，他拒绝睡我们的大床，我们只好让他睡在儿子房间的地垫上。第二天上午，因为担心他腿脚不方便，我特地问他晚上是否睡得好。他对我说："噢，艾丽丝，我可不是睡在地上！我是睡在一个美妙的世界里，身边有各种各样的玩具，都是童年的记忆，让我想起那些幸福的日子。还有你儿子睡梦中的鼾声，太让人难忘了，在别的地方可不会有这样美妙的经历。对我这个老人来说，这就像是喝了返老还童水。睡得好不好根本无所谓，我还有大把大把的日子可以睡觉！"

还有一次，我们一起去巴黎。那天天气特别糟糕，我们被一场突如其来的大雨淋得浑身湿漉漉的，而且走错了路，和表弟们的约会也迟到了。我只好叫了一辆出租车。上车之后，我还在絮絮叨叨地抱怨：瞧我都湿透了，又冷又饿……我叔叔早就忘记了刚才的那些不愉快经历，开始和司机开心地攀谈起来。下车时他说："看看我们刚才迷了路，还被雨淋湿了，这出租车来得真及时，司机很有趣，人也很好。我们现在已经到了！"

他总是有能力感受难以置信的幸福。我觉得他的大脑和我们不一样，他看事情的眼光和我不同，生活的方式也完全不同。有一次是秋天，我们一起去森林散步。我专心致志地想着事情，一回头发现叔叔已经落后100多米，且带着一脸惊叹的表情。我赶紧跑过去。他几乎屏住呼吸，非常激动地说："在这里太幸福了！这种美丽简直无与伦比。你知道我们有多幸福吗？"这一路上，因为有了叔叔的陪伴，我的心情彻底不同了。叔叔已经70岁了，他经历了太多的秋天。并不是每个秋天都能这样"无与伦比"，并非每次都能被红叶感动……

叔叔是我这辈子遇到的最让我印象深刻的人。我从来不屑于理会那些矫揉造作的幸福说教者。而叔叔，我从来没有听见他教导我任何关于幸福的话，不需要幸福鸡汤，行动才是王道。他潜移默化地教会我如何幸福。因为他真的幸福……

小确幸

幸福怎么会是“小事”？然而，事实就是如此。所有幸福天才都坚持这些小幸福：“就像金子一样，淘金淘出来的都是沙金颗粒，幸福也是由一点点小幸福组成的。怎可以因为微小而不屑一顾？”[1] 每一个幸福时刻都是一种完整的幸福。而且我们也看到，人们需要有意识地睁大眼睛发现幸福，才能把那些微不足道的时刻变成幸福的体验。

所有科学研究都表明，幸福时刻的多寡，比幸福的浓烈程度更重要，宁可要时不时的小幸福，而不是仅有一次的大幸福。[2]

我们知道，浪漫主义的人很多都信奉“要么爱得死去活来，要么不要爱”。幸福也是如此。但是，没有必要把幸福分门别类，左边是大幸福，右边是小幸福，中间是中等幸福……完全可以“有点儿幸福”，感受到“一点点的幸福”，这也是切切实实的幸福。但被问及“你是否幸福”时，安德烈·孔特－斯蓬维尔回答说：“应该说我算得上幸福，也就是说我是幸福的。”[3]

---

1 A. 梅米（A.Memmi），《幸福的练习》（*L'Exercice du bonheur*），巴黎，Artéa 出版社，1995 年，11 页。

2 E. 迪纳、R.J. 拉森，《情绪健康的体验》（*The experience of emotional well-being*），摘自 M. 刘易斯、J.M. 哈维兰，纽约，Guilford 出版社，1993 年，407 页。

3 A. 孔特－斯蓬维尔，《不顾一切的幸福》（*Le Bonheur, désespérément*），南特，Pleins Feux 出版社，2000 年，102 页。

对于一个普通人来说，幸福的对立面并不一定是不幸，有时是对世界的冷漠，最终变得无聊和麻木。所以，幸福需要思维敏捷、心态开放、努力付出、全心投入，尽可能地体验“小幸福”……

明智但不逆来顺受

塞尔日·甘斯布在他的歌里唱道：“我的老友，找不到心爱的人，那就去爱眼前的人吧……”事实上，有些幸福的确来自对生活的小小妥协。有些幸福则需要更多的让步。想必读者们都记得斯塔尔夫人的名言：“荣耀是幸福的悲怆悼歌。”换一个角度说，为了幸福，是否有时候也需要放弃荣耀？

对于物质财富的极度依赖（成功、名声、金钱）与幸福（不是享乐）极不相符。而且，献身于某项事业或追求的人，一生经历也许引人入胜，但未必是幸福的（他也未必感到遗憾）。

虽然幸福有时候来自妥协，但是光有妥协不意味着就能幸福。要去创造幸福（或者说是耕耘……）。

明智不应该变成逆来顺受，懂得何时说不，不与恶人为伍，远离令人不快的事，这都是幸福所必需的。如作家卢梭写道：“幸福之于我，不是做想做的事，而是不做不想做的事。”

感恩与幸福

维尔日妮

以前，曾经有一段时间，我对父母心怀怨恨，他们总是不停地争吵，心理不健康（我母亲酗酒，父亲抑郁症），最终还是离婚了。我一直觉得，我所有的心理问题都是他们的责任。后来，在我自己的努力下，生活发生了改变。现在的生活应该算是幸福的。我也不再埋怨过去，不再责备父母。我知道他们做得不对，但是我也明白他们不是有意的。我还意识到需要感激他们，是他们让我爱上了学习、喜欢阅读、热爱大自然、尊重他人，具备了很多让我今天能够快乐幸福的能力。现在的我更快乐，我也开始懂得感激父母。这种感恩让我更觉得幸福。相信也同样让他们感到幸福……

除了某些感恩时刻，“传统的”幸福不会无缘无故地发生，幸福总是来自某一件事，是某一个经历的结果。这一经历往往离不开个人的能力，以及影响我们的人、为我们创造生活条件的人、我们的父母或者祖先。

不同的研究都证明感恩行为与健康心态有很大关系。[1] 一

1 M.E. 麦卡洛（M.E.McCullough），《感恩性格的观念和实践整体研究》（“The grateful disposition：A conceptual and empirical topography”），《人格与社会心理学》杂志，2002 年 82 期，112—127 页。

项针对这一课题的研究，在十周内跟踪记录两组大学生，一组学生被要求每周记录至少五件让他们感恩的事，另一组学生则要求每周记录至少五件让他们感到紧张的事。十周之后，研究人员测试所有人的快乐和心态健康指数，发现记录感恩的事这组学生的分数明显高于另一组。[1]

感恩不等于总是期待从别人身上得到东西，或者将幸福全都寄希望于别人的给予。感恩只是表明我们把别人的帮助记在心里。很久以来，哲学家往往把感恩视为一种美德，但他们比心理学家更早地明白，也再次指出："自爱让人不愿老是惦记他人对自己的帮助，而感恩则让人因他人恩惠而心生愉悦。"[2]

不管怎样，在他们看来，感恩是幸福的一部分。

"一切安好时就要幸福"

应该总是把事情简单化……

我们的观念越是复杂微妙，事情越难越严重，就越要简单化。

所以，我的读者们，当你们合上这本书之后要做的第一件

---

1 R.A. 埃蒙斯、C.A. 克伦普（R.A.Emmons,C.A.Clumper），《感恩的力量：证据评估》（"Gratitude as human strenght : Appraising the evidence"），《社会和临床心理学》杂志，2000 年 19 期，56—69 页。

2 A. 孔特 - 斯蓬维尔，《关于大美德的小论文》（*Petit Traité des grandes vertus*），巴黎，PUF 出版社，1995 年。

事，就是“只要一切安好就要幸福”。[1]表面看起来非常节制，但其实是为了让自己的处事方式最有成效。

决心在一切安好时就要幸福，已经很不容易。下定决心，别再搞砸那些本可以幸福的时刻。有时候，幸福并非如期待的那样浓烈，但仍然要快乐接受，享受每一份幸福。首先要懂得珍惜眼前的所有，这是创造幸福最基本的要求，也是幸福计划中最明智也最实用的一步……

1 A. 孔特－斯蓬维尔，《不顾一切的幸福》，南特，Pleins Feux 出版社，2000 年，21 页。

第四部分

你的幸福有多少？

测试问卷并非为了把读者分门别类，让你沾沾自喜（“我得了高分”），或是验证自己的观点（“瞧瞧，我早就想到了”）。

测试问卷是一种工具，帮助大家进一步思考自己与幸福的密切关系，也代表着为了幸福而努力改变的第一步。

I 测试你的幸福情绪天赋

本测试旨在衡量感受快乐的天赋，设计理念来自两种现有的工具[1]。

要指出的是，这些天赋能力并不是幸福必不可少的条件，仅仅是感受幸福的容易度。幸福本身才最重要。而且，天赋不代表一定能成功，相信大家都知道龟兔赛跑的故事……

请阅读以下测试问题，如若符合情况，请打钩。

1 H.J. 艾森克、S.B.G. 艾森克（H.J.Eysenck,S.B.G.Eysenck），《艾森克个性问卷手册》（*Manual of the Eysenck Personality Questionnaire*），圣地亚哥，加利福尼亚州，教育与工业测试服务，1975 年；D. 沃森等人，《积极情绪与消极情绪的快速衡量的拓展与确认》（“Development and validation of brief measures of positive and negative affects”），《人格与社会心理学》杂志，1988 年 54 期，1063—1070 页。

	是	否
1．我总是脾气很好		
2．喜剧、笑话或好玩的事，都不能让我开心		
3．遇到问题时，我轻易就退缩		
4．我喜欢孤独		
5．烦恼过后，我很快就能恢复常态		
6．我经常莫名其妙地感到忧伤		
7．我对未来有信心		
8．我是一个容易担忧的人		

如何计算测试结果？

参照下方表格的分值，根据你的回答“是”或者“否”，计算总分。比如第一个问题，如果你选“是”，那么分数为 4，如果选“否”，则分数为 0。

总分将在 0~24 分之间。

	是	否
1．我总是脾气很好	4	0
2．喜剧、笑话或好玩的事，都不能让我开心	0	2
3．遇到问题时，我轻易就退缩	2	0
4．我喜欢孤独	0	2
5．烦恼过后，我很快就能恢复常态	2	0
6．我经常莫名其妙地感到忧伤	0	4
7．我对未来有信心	4	0
8．我是一个容易担忧的人	0	4

测试结果分析

· 得分小于等于 6 分：你的幸福天赋看起来很一般。你是否也这样认为？如果是，那么必须拓展你的幸福能力。不过也别担心，你毫无损失。对很多人来说，感受幸福的天赋会随着生活一点点加强。如果实在感到有难度，那么请寻求心理治疗师的帮助。

· 得分介于 8~14 分：你的幸福天赋处于中等水平。好好思考，付出行动，让幸福成为生活的首要目标，你将会变得更好。能否提高幸福能力，取决于你的努力。

· 得分大于等于 16 分：你拥有感受幸福的好天赋，能否创造幸福生活，就在你的掌握之中。千万不要抹杀了天赋。别忘了幸福是一种财富，和其他人一起分享快乐吧！

II　测试身心健康与工作的关系

有好工作就有好身体……那么这就是幸福了吗？本测试将启发读者思考这一问题。

请阅读以下测试问题，根据实际情况，在选项中打钩。

	是	否
1．我从来没有“周日夜晚综合征”（想到周末即将结束就感到难过和空虚）		
2．如果可以重新选择，我仍然会选择现在这份工作		
3．工作中我和同事相处愉快		
4．我全身心工作，有时甚至忘了下班时间		
5．我在工作中有足够的自主权		
6．我对和上司的沟通感到满意		
7．工作让我更加肯定个人发展规划		
8．这个月里我可以找出三个令人愉悦的工作时刻		
9．我的工作有发展提升空间		
10．上司认可我的工作成绩		

如何计算测试结果?

每一次回答为“是”加 1 分。

测试结果分析

- 少于 3 分：看来你与工作的关系存在一定问题。是定位问题（行业并非你的中意选择）、适应性问题（目前工作环境让你无法施展），还是工作氛围问题？
- 介于 4~6 分：你的工作不能让你施展才华，但也不至于令你痛苦，是否可以有所突破？
- 大于等于 7 分：毫无疑问，你的工作对个人发展很有帮助。

III 测试生活满意度

本测试来自一项为采集大量受访人群测试数据所设计的研究模型[1]。看起来似乎很简单，旨在研究幸福主观情绪的一个构成因素：生活整体满意度（另外一个因素是情绪健康度）。

根据实际情况，即同意或不同意的程度，选择每一项对应的分值，填入右边的方框里：

7= 完全同意

6= 同意

5= 基本同意

4= 一半同意一半不同意

3= 基本不同意

2= 不同意

1= 完全不同意

1 E. 迪纳，《生活满意度》（“The Satisfaction With Life Scale”），《人格评估》杂志（*Journal of Personallty Assessment*），1985 年 49 期，71—75 页；W. 帕沃、E. 迪纳，《生活满意度回顾》（“Review of the Satisfaction With Life Scale”），《心理评估》杂志（*Psychological Assessment*），1993 年 5 期，164—172 页。

1．从整体看，目前的生活接近我的希望	
2．我拥有很棒的生活条件	
3．我对生活很满意	
4．只要有可能，我会尽量汲取生活中最好的部分	
5．如果可以重来，我也几乎不会改变现在的生活	
总分	

如何计算测试结果？

将所有分数相加。

最低分 5 分，表明对生活极度不满意。最高分 35 分，表明对生活非常满意。

测试结果分析

大部分参与测试者（美国）的得分介于 21~25 分。

- 介于 5~20 分：你的生活满意度低于平均水平。
- 介于 21~25 分：你的生活满意度处于平均水平。
- 高于 25 分：你比一般人更加满意自己的生活。

Ⅳ　小点滴大幸福

我们在此推荐一个自我评估表，作为衡量日常生活中点滴快乐的标准，也可以从中借鉴，打造个人的幸福生活。这份评估表来自一项针对中等抑郁症患者的治疗计划[1]，列举了日常生活中各种令人愉悦的活动（可以从中借鉴，建立个人快乐计划），也可以根据个人情况进行调整。

针对每一项活动，评估你从中获得的快乐指数，以及在最近30天中的实践频率（频率指数）。两项指数结合，得出测试分数。一项经常从事但感觉不开心的活动得分几乎为0，远不如虽然很少做却让人开心的事。所以，这份评估表正好契合了我们在第五章中所提到的“自上而下”和“自下而上”这两种维度。

1　P. 勒维森、M. 格拉夫（P.Lewin sohn et M.Graf），《令人愉悦的活动与抑郁》（“Pleasant activites and depression”），《咨询心理学与临床心理学》杂志（*Journal of Consulting and Clinical Psychology*），1973年41期，261—268页。

如何使用这份测试表?

· 根据从事每一项活动所获得的快乐感，从 0~2 评分：

0 = 不快乐

1 = 有点儿快乐

2 = 很快乐

· 根据最近一个月从事每一项活动的频率，从 0~2 评分：

0 = 最近一个月内从未做过

1 = 最近一个月内做过 1~7 次

2 = 最近一个月内做过 7 次以上

· 此项活动的满意度得分由以上两个数值相乘得出：例如，“呼吸新鲜空气”让你感觉很快乐（2 分），但是最近一个月里你只做了两次（1 分），那么这项活动的满意度得分为 2 × 1 = 2。满意度分数可以是 0~4 分。

	快乐指数（0~2 分）	频率指数（0~2 分）	满意度得分（快乐指数 × 频率指数）
1. 呼吸新鲜空气			
2. 美餐一顿			
3. 下馆子			
4. 美美地睡一觉			
5. 放松一下			
6. 心情平静			
7. 有自由时间			

（续表）

	快乐指数（0~2 分）	频率指数（0~2 分）	满意度得分（快乐指数 × 频率指数）
8．大笑			
9．看一场好戏或欣赏一片好景色			
10．沐浴在阳光下			
11．穿着干净的衣服			
12．听广播			
13．听音乐			
14．阅读			
15．和动物在一起			
16．看着别人做事			
17．对着别人微笑			
18．认识新人			
19．愉快地交谈			
20．颇有成效地交谈			
21．赞赏或祝贺他人			
22．被接纳加入某个群体			
23．和幸福快乐的人在一起			
24．和朋友在一起			
25．拜访老朋友			
26．和朋友喝上一杯			
27．看到亲朋好友一切安好			
28．想着喜爱的人			
29．和喜爱的人在一起			
30．听说有人爱我			
31．取悦某人			
32．向某人示爱			
33．爱抚			
34．拥抱			
35．做爱			
36．感受到上帝的存在			

（续表）

	快乐指数（0~2 分）	频率指数（0~2 分）	满意度得分（快乐指数 × 频率指数）
37．有人向我寻求帮助或征求意见			
38．清楚地表达某件事情			
39．看到别人对我说的事感兴趣			
40．逗人发笑			
41．计划或者组织某项活动			
42．准备外出游玩或远足			
43．安静地开车			
44．出色地完成一件工作			
45．看到一项任务最终完成			
46．学会一项本领			
47．得到表扬			
48．想到有开心的事会发生			
总分			

这份测试表中的某些项目也许会让你觉得奇怪。但是，要知道，这份测试表最初是针对经济拮据的抑郁症患者而设计的，所以才有第 11 项（穿着干净的衣服），同时测试来自美国，所以会有第 43 项（安静地开车），美国人比法国人更认为开车代表一种自立，也是幸福的起点。

如何计算测试结果？

统计每一项的总分。

- 快乐指数和频率指数的总分介于 0~96 分。

· 满意度得分的总分介于 0~192 分。

测试结果分析

这份测试表最初应用于测试患有不同程度心理障碍的人群[1]，你可以将自己的得分与之前的结果相比较：

· 快乐指数：平均值 51 分（介于 35~67 分）。

· 频率指数：平均值 49 分（介于 27~71 分）。

· 满意度：平均值 72 分（介于 34~110 分）。

如果你的分数处于平均值或更高，那么表明你的生活拥有点点滴滴的小幸福，看起来很让人满意。你还可以进一步加强分数低的那些项目（幸福永远不嫌多）。当然，也不必强求完美，保持目前状态就不错。

如果你的分数低于平均值，这份测试表可以帮助你思考为何无法感受到日常的点滴幸福。这些幸福小事是否应该多做？显然有些事让你感到快乐，但是实践频率太低，或者去发掘其他不在清单（这份清单当然可以继续扩充）中的快乐小事？

1 J. 凡 · 里拉尔（J.VAN.Rillaer），《自我管理》（*La Gestion de soi*），布鲁塞尔，Mardaga 出版社，1992 年，79—82 页。

V 你的幸福属于哪一类？

可以从以下四类事情中感受到幸福：

- 行动（来自外部的幸福感，移动的幸福）
- 满足（来自外部的幸福感，相对静止的幸福）
- 掌控（来自内心的幸福感，移动的幸福）
- 宁静（来自内心的幸福感，相对静止的幸福）

根据实际情况，选择最接近的答案：

1）你如何对待幸福？	
· 追求幸福	(A)
· 享受幸福	(SE)
· 感受幸福	(M)
· 接受幸福	(S)
2）如果有 15 天假期，你会选择……	
· 到一座无人打扰的小岛上休养生息	(SE)
· 在乡下租一座大别墅，和儿女、孙子们一起度假	(S)
· 学习潜水或书法	(M)
· 和老朋友一起去旅游	(A)

（续表）

3）想象一下哪一种动物最幸福……	
·马	(A)
·大象	(S)
·猫	(SE)
·鸟	(M)
4）最让你感动的幸福是……	
·日落时，驾驶滑翔机飞越山峰	(M)
·救人于危难	(A)
·孩子在你的怀里睡着	(SE)
·在斯德哥尔摩获得诺贝尔奖，或在好莱坞获得奥斯卡奖	(S)
5）面对幸福，你会怎么做?	
·马上开始新计划	(M)
·坐下来，回味走过的路	(S)
·兴奋地又跳又叫	(A)
·闭上眼睛，细细品味	(SE)
6）你喜欢哪种欣赏音乐的方式?	
·和朋友一起去音乐厅听音乐会	(A)
·买唱片，想听的时候随时听	(S)
·自弹自唱	(M)
·记在心里，低声吟唱	(SE)
7）你会选择哪个动词来表达幸福?	
·前进	(M)
·打造	(S)
·放弃	(SE)
·分享	(A)
8）最佳死法是什么?	
·在睡梦中死去	(SE)
·做爱时死去	(A)
·家庭派对后死去	(S)
·为心爱的工作而献身	(M)
9）如果有一座房子，你认为最幸福的事是什么?	
·把房子建起来	(A)
·整修房子，把房子装饰得漂漂亮亮	(M)
·住在房子里	(S)
·离开房子，而后又重新找回房子	(SE)

（续表）

10）和孩子在一起的快乐是什么？	
· 教会他们一项本领	(M)
· 想着他们	(SE)
· 和他们一起做游戏	(A)
· 看着他们成长	(S)

如何计算测试结果？

统计你获得的四种答案的数量，填写下列统计表。

幸福类型	**统计**
行动 (A)	总数 A =
满足 (S)	总数 S =
掌控 (M)	总数 M =
宁静（SE）	总数 SE =

测试结果分析

每一种幸福类型的总分是 1~10 分。得分越多的类型，就越接近你的偏好。

不过，你也应该思考一下得分最低的类型，这是你可以拓展的方面，有助于提高感受幸福的能力。

得分最高为“行动的幸福”

你的幸福座右铭是“行动起来，分享快乐”。

这类幸福感来自参与外部活动时的成就感。与团队共同完成活动时感受到的快乐，比如团队工作、与家人或好友一起游戏……这是一种行动的幸福，也是社交、分享和归属的快乐。

如果偏激地单一发展这种快乐，有可能会变得肤浅，一心追求享乐和外部刺激，靠依赖他人来证明存在感。不过，行动的幸福也具有切切实实的优势，这种幸福彰显外露，让人很容易感受到，并会自然而然地与他人交流和传递。幸福是一笔财富，分享是幸福的义务……

得分最高为“满足的幸福”

你的幸福座右铭是“坐下来，品味幸福”。

这类幸福来自全力投入的目标得到实现后内心的满足，以及细细品味成就的快乐。这种幸福不一定是物质性的，也有可能仅仅是一种情感，比如帮助他人的快乐。这种快乐同样离不开与外界的联系，不过比行动更加内敛，是静下来之后的幸福感。

如果过分强调满足的幸福，有可能导致功利性（目标达成）或挫败感（目标没有达成）。但是这种幸福可以激发行动起来的强大能量。与通常人们的看法完全不同，这种幸福可以非常有效地激发创造性和积极性……

得分最高为“掌控的幸福”

你的幸福座右铭是“全心投入，坚持到底”。

这类幸福的特点是全身心投入一项喜爱而且能够掌控的活动中，尽情施展，乐在其中，为能掌控这种活动而感到快乐。这种身心平衡的感觉也被称为“心流”状态。

掌控的幸福一旦走向极端，只在乎活动带来的个人利益，就可能导致工作狂或多动症，过度依赖工作或某种活动，严重的话甚至使人变得自私。不过，掌控的幸福也会促使人精益求精，不断超越自我……

得分最高为“宁静的幸福”

你的幸福座右铭是“大隐隐于市”。

这类幸福的特点是多愁善感，与世界潮流保持一定距离，放慢脚步，让身心休息。身处这个世界，但没有置身其中，不为世界的嘈杂所困扰。这种距离并非是一种冷漠，幸福往往来自生活中的某个时刻：当全世界的人都在沉睡的时候，独自欣赏日出，聆听音乐，或者只是因为意识到自己的平静，而且很享受这种平静……

在生活中一味强调宁静的幸福，可能会让人变得消极、相信宿命，放弃生活必需的抗争。不过，这类幸福也会带来内心的宁静、宽容仁慈，相比很多消极情绪，这类幸福是更好的生存基础……

VI 悲观主义与乐观主义

这份调查测试来自评估乐观主义和“控制点”（生活中发生的事取决于我们，取决于偶然不可控，或是取决于他人？）的两种科学研究法[1]。测试结果对于构建幸福、维护幸福来说至关重要。

在表中最接近你目前想法的那一栏打钩。

1 M.F. 沙伊尔（M.F.Scheier）等人，《区分乐观主义和神经过敏症：生活取向测验的重新评估》（“Distinguishing optimism and neuroticism：A reevaluation of the Life Orientation Test”），《人格与社会心理学》杂志，1994 年 67 期，1063—1078 页。J.B. 罗特（J.B.Rotter），《内心与外部控制增强的普遍化预期》（“Generalized expectancies for internal versus external control of reinforcement”），《心理学专论》（*Psychological Monographs*），1966 年 80 期（总 609 期）。

1	总是可以与人愉快相处			总有些人根本无法愉快相处
2	就喜欢什么事都不做，静静地发呆			总要做些什么事让我忙起来
3	未雨绸缪，防患于未然			车到山前必有路，船到桥头自然直
4	遇到烦恼时，去好好睡一觉，告诉自己“好梦带来好办法”			我不喜欢一天快结束时，还有问题没解决
5	人逃不出过往			人总是可以改变命运的
6	我常会生气			我不轻易发脾气
7	我相信进步			我经常觉得人们忙忙碌碌到头来一场空
8	该来的总会来			塞翁失马，焉知非福
9	我最喜欢日落			我更喜欢日出
10	生活中我是幸运的			我总是没有机会
11	事物的发展可以改变			通常只能忍受而无能为力
12	爱情的感伤会持续一辈子			天涯何处无芳草
13	职业生涯成功与否，取决于个人能力			除了个人能力，还有其他条件，比如关系背景、机遇、妥协
14	我喜欢方方正正			我喜欢圆形
15	如果丢了东西，我会一直找，直到找到为止			如果丢了东西一下子没找到，一般会在不再需要的时候突然间冒出来
16	想要改变别人的观点都是徒劳的，因为各有各的立场			如果是别人错了，那就要尽力说服他们改变观点

如何计算测试结果?

题目 1、4、7、10、11、13 和 15，如果选择了左栏，各计 1 分，如选择右栏则不计分。

题目 3、5、8、12 和 16，如果选择了右栏，各计 1 分，如选择左栏则不计分。

题目 2、6、9 和 14，仅仅是为了平衡测试者的思维惯例。

所以，总分将介于 0~12 分之间。

测试结果分析

- 总分少于 3 分：如果说你是悲观主义者，或许你也不会觉得惊讶……每当面对不确定的事物时，你习惯于往坏处想。你认为其实没有办法改变人生轨迹。你需要努力改变对生活的看法，才能更好地感受快乐时刻：相信自己，生活并非如你所想（通常这个时刻，你的悲观主义已经在兴风作浪），一切皆有可能……

- 总分介于 4~8 分：不可否认，你有乐天派的潜质，不过时不时也会陷入悲观中。所以，当环境要求或条件允许的时候，你的乐观精神就会表现出来。由你来判断是否应该乐观。你完全可以做得更好。比如，思考一下悲观有什么好处？或者是想想看，即使面临困境，是否也可以保持乐观，信心满满地去战斗？这可是令人激动的改变自己的努力……

· 大于等于 9 分：你是幸福的乐天派，相信未来，相信自己有创造未来和改变未来的能力。你不喜欢犹豫不决，你的人生策略是想好了就行动，但绝不恋战。乐观精神使你更容易拥有健康和快乐的情绪。好好地珍惜这种精神，并不断地发展，同时别忘了和身边尚未如此乐观开心的亲朋好友共同分享快乐和幸福……

结 论

现在，关于幸福，大家是否已经看得更明白？

童话故事总是会这样结束："他们从此过上了幸福的日子……"

不是因为幸福的日子不再值得讲述，而是因为幸福的结局更让人激动。

也不是因为虚构的故事比真实的生活更好。想想看，如果需要二选一，大家会怎么选？

更不是说幸福不存在。我们所有人都能感受到幸福。

童话故事的结局总是"他们过上幸福的日子"，原因真的很简单：童话里虽然有各种遭遇和不幸，但是童话也告诉我们，幸福是可以得到的，要去追寻幸福，而不是坐等听故事……

其实这一切，读者们都很清楚，不是吗？没错，幸福是可能的。不过生活毕竟不是童话，人生需要我们自己去书写。

祝愿大家一切顺利、快乐、幸福！

致 敬

向安德烈 · 孔特 – 斯蓬维尔（André Comte-Sponville）致敬，是他的著作启发了我撰写本书。

向菲利普 · 德莱姆（Philippe Delerm）致敬，他勇于赞颂微不足道的点滴快乐（幸福）。

向罗伯特 · 莫齐（Robert Mauzi）致敬，他的著作《18 世纪法国文学与法国思想的幸福观》为我带来无比幸福的阅读体验。

致 谢

感谢奥迪勒·雅各布（Odile Jacob）出版社为本书的出版提供自始至终的支持。

感谢凯特琳娜·梅耶（Catherine Meyer）的编辑和心理学协助。

感谢让－热罗姆·雷努奇（Jean-Jérôme Renucci）的谨慎和一贯的高效。

感谢塞西尔·安德里耶（Cécile Andrier）和埃莱娜·萨巴捷（Hélène Sabatier）的友情支持。

感谢巴黎圣安娜医院医学院部的亨利·洛（Henri Lôo）教授和让－皮埃尔·奥利耶（Jean-Pierre Olié）教授，能与他们共事是一种幸福。

感谢同事和朋友：弗雷德里克·方热（Frédéric Fanget）的由衷建议，雅克·凡里拉尔（Jacques Van Rillaer）的科学数据。

感谢我的病人同意让我再次查阅他们的治疗记录，并提出（中肯的）批评：安妮、克丽蒂娜、罗拉、穆德和让－马克。

感谢米索（Misou）和克莱芒丝（Clémence）对本书手稿提供必要的注释。

感谢身边的亲朋好友，感谢他们的意见、分享的生活经历和箴言妙语：达妮埃尔·洛费尔（Danièle Laufer）、皮埃尔·布瓦萨尔（Pierre Boisard）、雅克－弗兰克·德·焦安尼（Jacques-Franck De Gioanni）、弗洛里安·克莱恩凡（Florian Kleinefenn）、贝特朗·勒让德尔（Bertrand Legendre）、皮埃尔·里卡尔（Pierre Ricard）、艾田姆（Étienne）和幸福的普拉什一家（famille Pranche）（他们的实例贯穿本书），以及所有无法一一提及的朋友，原谅我一而再再而三地和你们谈论幸福……

当然还要感谢我的父母，感谢他们给予我的幸福，教我如何获得幸福。

最后尤其要感谢我的三个女儿，感谢她们提出具有建设性的意见，并快乐地参与本书的创作。